妈妈讲给女儿的悄悄话

李昊 ◎ 编著

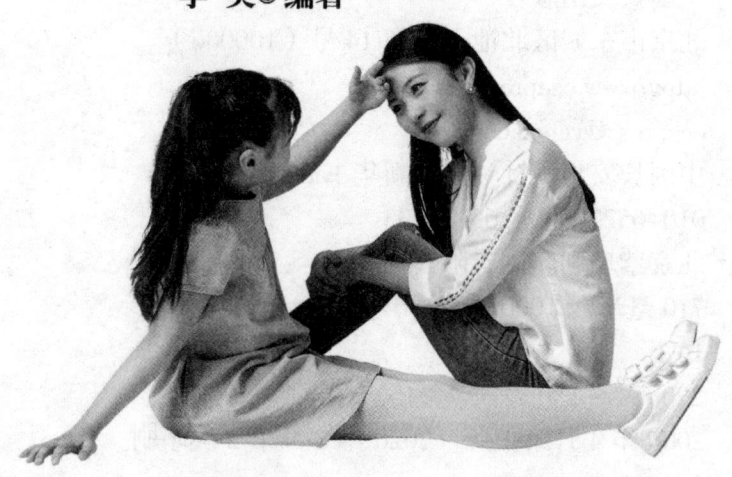

中国长安出版社

图书在版编目（CIP）数据

妈妈讲给女儿的悄悄话／李昊编著． —北京：中国长安出版社，2006.3
ISBN 978-7-80175-432-5

Ⅰ．妈… Ⅱ．李… Ⅲ．人生哲学—青少年读物
Ⅳ．B821-49

中国版本图书馆 CIP 数据核字（2006）第 017144 号

妈妈讲给女儿的悄悄话

著者： 李昊　编著
出版： 中国长安出版社
社址： 北京市东城区北池子大街 14 号（100006）
网址： http://www.ccapress.com
邮箱： ccapress@yahoo.com.cn
发行： 中国长安出版社　全国新华书店经销
电话： 010-65270593　65270433
印刷： 北京紫瑞利印刷有限公司
开本： 710 毫米 ×1000 毫米　1/16
印张： 16
字数： 220 千字
版本： 2006 年 4 月第 1 版　2020 年 7 月第 2 次印刷
印数： 1-5000 册

书号： ISBN 978-7-80175-432-5
定价： 48.00 元

（如有印装错误　本社负责调换）

前 言
PREFACE

这是一个最好的年代，这是一个最具诱惑的年代。

展望未来社会，女人获得成功的机会必将要比以往任何时候加起来都要多得多。但是由于竞争的日趋激烈，女人要想把握住这种机会也绝非易事。这在很大程度上需要女人从小时候起就开始一步步培养自我的生存能力。而事实上，这个培养的过程，很大程度上取决于妈妈对女儿的指导，所以妈妈实在很有必要给自己的女儿开展一堂丰富而又生动的人生课程。这门课程应该包括女儿的品格、修养、礼仪、学习、生活、身心健康等多个方面。妈妈应该在女儿的成长过程中将这些方面一点一滴地、逐步地渗入到女儿的脑海中。

事实证明：母亲往往比父亲更能给女儿在成长的过程中以巨大影响，母亲更易与女儿在各方面进行深层次的交流。一些成功的女人在总结其成功经验时，所提及的最重要一条就是小时候母亲对自己的教诲。妈妈对女儿说的话即使再平淡无奇、漫不经心，也往往会让女儿备受感动、深受启发，甚至可以左右她的一生。由此可见，如果妈妈慎重地、系统地、全面地、详细地告诉女儿成为一个优秀女人的方方面面，那么必会让女儿铭记一生，受益一生。

妈妈应该告诉女儿，在未来的社会，女孩子要想活出自己的价值，活出自己的精彩，取得自己的成功，就不应该成为一个弱不禁风、羞涩万千的小家碧玉，要能大胆地表现自己；妈妈应该告诉女儿，做人要诚实守信、自强自信；妈妈应该告诉女儿，要懂得宽容，懂得博爱，懂得与人为善，妈妈应该告诉女儿……

妈妈告诉女儿还有很多很多，本书的立意即在于此。尽管书中所列的还不能说是面面俱到，但编者通过对各种家教书籍的精心阅读和对生活细心观察，尽量使笔锋触及到了女儿成长的方方面面，而且做了比较独到的论述，相信会让那些望女成凤的母亲大获裨益。当然，由于编者能力所限，书中也会出现一些不足和错漏，希望广大读者予以批评指正。

目 录
CONTENTS

第一章　正确认识自己，女孩应该重视的　　001

1. 正确的认识自我　　002
2. 最值得你相信的只有你自己　　005
3. 人生道路该怎样选择　　007
4. 摆脱焦虑带给你的困扰　　010
5. 不要让你的心情忧郁　　012
6. 克服自卑心理，树立坚强的自信心　　015
7. 从现在起开始珍惜每一刻　　018
8. 战胜恐惧　　021
9. 要对生活常怀感恩之心　　023
10. 摆脱精神过敏　　026
11. 自己的事情自己做，不要靠别人　　028
12. 不要盲目追星　　030
13. 三人行，必有你师　　033

第二章　珍惜友情，女孩应该记住的　　037

1. 重视友谊，在交往中成长　　038
2. 如何获得珍贵的友谊　　040
3. 珍惜与同学之间的情谊　　043
4. 坦诚以待，是交往的基本要求　　045
5. 善于倾听，从内心接受对方　　047
6. 常怀宽容之心，要善于谅解对方　　050

  7. 理解是人际交往的润滑剂　　052
  8. 相互学习，优势互补　　055
  9. 争当学生干部　　057
  10. 给自己寻找一个榜样　　060
  11. 与老师谈谈心　　062

第三章　塑造良好品格，女孩应该思考的　　065

  1. 明辨是非，分清善恶　　066
  2. 做宽容、善良、博爱之人　　068
  3. 讲诚信，不要欺骗别人　　071
  4. 摆脱虚荣心，不要与别的孩子攀比　　073
  5. 勤俭是你累积成功的资本　　077
  6. 把宁静与和谐带入心灵　　079
  7. 从逆境中突围　　082
  8. 随时做自我反省　　084
  9. 养成乐观的生活态度　　086
  10. 要能保持理智　　088

第四章　培养正确学习习惯，女孩应该关注的　　091

  1. 知识就是力量　　092
  2. 兴趣是最好的老师　　094
  3. 要对所学的东西产生兴趣　　096
  4. 勤奋刻苦是最能决定学习效果的　　100
  5. 虚心好问，要善于请教他人　　103
  6. 及时地调整学习计划　　105
  7. 选择适合自己的学习方法　　107
  8. 积极地提出问题和回答问题　　110
  9. 培养独立思考的好习惯　　112
  10. 要培养创造力，善于创新学习　　114
  11. 养成主动学习的好习惯　　116
  12. 掌握良好的记忆方法　　119

第五章　养成良好生活习惯，女孩应该懂得的　123

1. 要劳逸结合，不要有太多负担　124
2. 作息要合理，保护好身体　126
3. 多做运动，锻炼身体很重要　128
4. 凡事多动手　129
5. 主动形成良好的生活习惯　131
6. 要远离不良的生活习惯　133
7. 要培养独立生活的好习惯　136
8. 摆脱小皇帝、小公主的角色　139
9. 要学会储蓄　141
10. 要养成善于和他人合作的好习惯　144
11. 培养良好的生活习惯　147

第六章　讲究礼仪，女孩应该学会的　151

1. 以微笑待人　152
2. 适度赞美能让你更加成功地做人　154
3. 要能与人为善　156
4. 批评别人不能过于直接　158
5. 敢于拒绝，勇于说"不"　160
6. 不能忽视你的形象　162
7. 学会幽默能让你广受欢迎　164
8. 勇敢地向陌生人介绍自己　166
9. 不要太爱面子，脸皮不能太薄　168
10. 尊重别人，别人才会尊重你　171
11. 勇于承认错误，真诚道歉　172
12. 骄傲自大要不得　176

第七章　心灵之美，女孩应该追求的　179

1. 什么是真正的美丽？　180
2. 优秀的女孩最漂亮　182
3. 自信的女孩最美丽　184

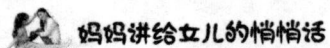

  4．"孤芳自赏"不是真正的美   185
  5．身材的诱惑   187
  6．可爱的女孩很美丽   190
  7．拥有一颗美丽的心灵   192

第八章　青春期困惑，女孩应该战胜的   195

  1．青春期的生理标志   196
  2．不是月亮惹的祸   198
  3．预测经期的方法   200
  4．如何得到好感觉   202
  5．解决"疼痛"的方法   204
  6．不要有错误观念   207
  7．自慰的苦恼   210
  8．胸部烦恼早消除   212

第九章　情感误区，女孩应该避免的   215

  1．异性关系的变化   216
  2．从暗恋开始   218
  3．暗恋怎样去处理   220
  4．友情的距离很难把握   222
  5．如何区别友情与爱情   224
  6．与男孩交往，要学会尊重   226
  7．迷恋男老师，怎么办？   231
  8．同男同学交往要有平常心   233

第十章　抗拒性骚扰，女孩应该正视的   237

  1．对女孩子的性骚扰   238
  2．危险从何而来   240
  3．对于言语轻薄者最好充耳不闻   242
  4．不严肃的反抗会让攻击者得寸进尺   243
  5．避免性骚扰的一些方法   245

第一章
正确认识自己，女孩应该重视的

认识自我是一个人一生中最重要的事情。认识了自我，你才能做自己的主宰，以良好的心态去应对一切事情。而所谓的成功，也正是由那些抱有积极心态和不懈努力的人所取得。

1. 正确的认识自我

  一个人怎么才能够正确地认识自我呢？通过观察是不可能的，必须通过行动。去尝试完成一个目标吧，那么，你立刻就会知道，你是一个什么样的人。

  传说，在希腊中部帕尔那索斯山上的阿波罗神庙的门楣上有一句箴言："人啊，认识你自己吧！"。数千年来，这句话穿越时空，一直在给人类以理性的昭示和警醒。"认识自己"被刻在神庙的门楣上，似乎包含阿波罗对人类的全部教导。当然，像这种神谕完全是古人的迷信，你不必过于认真对待。但是，像"认识自己"这样明确而又具体的劝世良言，无疑已经不是纯粹的迷信所能涵盖了，它包含了希腊人对人类和世界的睿智的看法。

  古今中外的伟大人物之所以能取得成功，正是由于他们具有可贵的自知之明，在现实世界中认准了属于自己的最佳人生位置，并由此设计和塑造了自己的人生。古希腊大哲学家苏格拉底在当时被公认为是最富智慧的人，人们都尊敬地称他为"众师之师"。他的一些弟子们曾专门去询问德尔斐庙的女祭司皮提亚，是否还有比苏格拉底更富智慧的人，神的答复是否定的。然而苏格拉底本人却认为自己是很无知的。

  事实上，一个人要想真正地认识自己，了解自己是非常困难的。亚里士多德说过:"对自己的了解不仅仅是最困难的事情,而且也是最为残酷的事情。人,这个奇怪的生灵总是在企图永远逃避现实!"法国伟大的现实主义作家,大文豪巴尔扎克在年轻时办过印刷厂,当过出版商,经营过软木材,开采过废弃的银矿,但所有这些都没有取得成功,相反弄得自己债台高筑。这在很大程度上正是由于他没能正确地认识自己,缺乏足够的自知之明所致。后来,他终于发现了自己的写作天赋,潜心写书,终于成为一个闻名世界的作家。当然,年轻时丰富、坎坷的生活经历对巴尔扎克的小说创作肯定有很大的影响。没有早年的生活体验,巴尔扎克也就不可能写出《人间喜剧》这部"人生的百科全书"。但在这里,你应该体会到的重点是:一个人一生的时间和精力都有限,我们不可能把所有的生活都体验一遍然后再挑选一个最适合自己的位置。毕竟,大作家不是每个人都能当,也不是每个人都想当的。所以我们一定要用尽可能短的时间,充分地认识到自己到底是一个什么样的人,找到自己最适合的位置,充分地发挥自己的才能。伟大的人物之所以成功的秘诀,就在于认识自己,并以此为出发点,最大限度地寻找自己的最佳人生位置,设计和塑造自己。

  正确地认识自己,等于给自己打下了一个良好的事业基础,有着事半功倍的作用。尽管人有聪慧和愚笨之分别,但人与人之间智力的总和并无多大差别,天才毕竟是少之又少,没有才能的人更是世所罕见。现实中,也有很多智力平平的人干出了一翻惊天动地的大事业,才华出众的人却默默无闻的例子。当然,更多的人都平庸地走完了自己的一生,这不是因为他们没有才能,而是在他们有生之年没有发现自己的才能;世界上许多人之所以获得成功,最主要的原因是他认识了自己的才能。人是自己幸福的造就者,要想成功,必须先认识自己的才能。

  只有正确认识自己,你才能坚强地生存,不会为别人的讽刺打击所摧毁;才能在遇到困难和挫折时,永葆信心、希望和力量,与困难、挫折斗争到底;才能在需要做出选择时,果断地给出最佳答案。正确认识自我,还必须认识到，不要过高估计自己的才能。在现实生活中，同样存在着许多盲目自信的人，他们同样没有认清自己的真实才能，以为自己无所不能，以为自己能干好所有的事。可事实是他们根本没有干那一行的能力。可想而知，他们的结局肯定是惨败而归。

既然认识自我是如此之重要，那么，你实在很有必要采取正确的方法来把握自己，充分地分析自己，给自己定位。首先要认识自己的能力，能力是指一个人能顺利完成一件事情所必需的内在条件，其中专门能力是符合某种专业活动要求的一些特殊能力的结合。一个人的能力类型与他的活动效果有着密切的关联。其次还要认识自己的气质，不同气质性格的人适合不同的工作。第三，还要正确认识自己的兴趣。如果一个人的兴趣是持续专一的，这有助于成功，但也容易导致知识不全面，无法触类旁通，影响取得更大的成就。如果一个人的兴趣属于分散的，没有一个中心兴趣，也必然无所大成。只有认识自己的兴趣，才能较好发挥兴趣的动力作用和支持作用。最后还要认识自己的意志类型，充分发挥意志的发动和制止这方面的调节功能，把自己的决心变为必胜的信心，坚持不懈的努力，那就一定会取得超凡的成绩！

世界上最重要的事就是认识自我。只有认识了自我，你才可能认识一切。

2. 最值得你相信的只有你自己

  在每个人的心灵深处,都有一座巨大的矿藏即我们的潜能,如果你不去挖掘,你就永远都不会发现它。但这并不是说,每个人都可以轻易地把自己内心深处的巨大潜能挖掘出来。这需要你有着强大的自信心。

  一个人要想实现自己的梦想,成为一个自己所想成为的人,就首先应该意识到自己是一个什么样的人,在思想上,把自己当做一个很重要的人。这就是说,你必须先相信自己,然后,你才可能会成为自己所相信的。

  女孩子更应该谨记这样一条道理:你所最能相信的只有你自己,别人永远不可能决定你自己。在生活中,遇到难题时,我们不能先急着去找别人帮忙,而忘了这是自己的事,要想成为一个优秀的女孩就一定要具有自强自立的品格。当遇到困难时,你必须自己独立去解决,而不是首先想哪个朋友或亲人在这方面有优势?谁能帮你解决这个问题?当然,也不能把这个原则当做一成不变的真理。如果自己实在不能解决而朋友却能轻松地帮你处理时,你就也要善于求助朋友。

  事实上,很多人尤其是女孩子最缺乏的恰好是自信,她们往往认为自己没有什么能力,在做事时也往往浅尝辄止,不去竭尽全力。然而,事实上有许多人，在没有成功以前往往显得庸庸碌碌，非常平凡的，可日后却成就了一番令人瞩目的事业。这会令许多以前认识他的人感到震惊，认为他取得那样的成就简直不可想象。其实在我们的力量没有受过检验以前，我们是不能明白自己究竟有多少潜力存在的。自立自强是比朋友、金钱以及各种外界的援助更为可靠的东西，它能排除阻碍，战胜艰难，它能使各种冒险及发明最终成功。每一个人，包括女孩，都具有自强自立的能力。但是能充分发挥这种能力的人却很少，追随他人，依赖他人，让他人帮你干好一切事情自然比我们自己努力去做要容易得多，但这往往会让我们成为一个百无一用的人。这实在是最要不得的想法。

一个人如果能够抛弃一切依靠，放弃一切外援，那么他最终一定会得到胜利。

自信自立永远是我们取得成功的最大法宝。相信自己，依靠自己是我们必须具备的一种心态，也是我们应该具有的一种责任。它需要你有一股勇气，这种勇气是坚韧的，不仅仅是表现在你死我活的残酷的战场上，而且也表现在平凡安静的生活中。这是一种心灵的考验。比如，当遭遇冷落时仍能泰然处之，当穷困潦倒时仍能不失雄心壮志，当受到误解时仍能心平气和。

自强的心态还要与坚定的意志和坚强的决心相联系。能阻碍我们成功的永远只有我们自己，战胜别人是每一个具有一定能力的人都可以做到，但是战胜自己却不是每个人都能做到的。自强是一个永无止境的追求，旧的问题解决了，新的问题又出现了；一个困难克服了，另一个困难又出现了。人生的过程就是不断地解决问题，克服困难的过程。在这个喧嚣的社会中，抵制各种物欲的诱惑需要非凡的定力。成功永远不可能一蹴而就，它需一个慢慢的积累过程，需要一个从量变到质变的过程。无数白手起家者的经验告诉我们，一个人的成功主要不在其本人具有多高的天赋，也不在其有多好的环境，而在其是否具有坚定的意志、坚强的决心和明确的目标。理想是自强的源泉,试想人的活动如果没有理想的引导和鼓舞,那就一定会变得空虚、软弱、混乱而渺小。只要你能拥有一种坚忍不拔的精神,百折不挠地向你的理想迈进,那么就一定会有所收获,有所成就。

现实生活中,平庸之人遍地都是,但成功者却屈指可数,这其中一个原因就是前者处理事情时,总要求面面俱到,免致得罪他人。他们在说话以前,必先设法探听到别人的意见、想法与自己符合与否,然后才敢发表意见。结果他所发表的意见,只是人云亦云,没有自己的富有个性的见解。

你如果想成功,就必须挖掘出自己的潜能;而若要挖掘出自己的潜能,就必须有一个自立自强的心态。

3. 人生道路该怎样选择

人生的道路决定着你一生所要到达的终点。怎样选择至关重要,但更重要的是在选择以后,再怎样去走这一条路。

著名的"赏识老爸"周弘讲过这样一个事例,有一次,他接到一位北京母亲的电话。

"您能不能帮帮我儿子?"她急促地说。

"怎么了?"周弘的心一沉。

"儿子以前每次考试都是前5名,这次考砸了,退到20名,他感到完了,不想上学,我怎么安慰他都没用。"

母亲顿了顿。

"你听听,他正在号啕大哭呢!"

可怜天下父母心,周弘接到这个长途电话后,立即认识到了问题的严重性,他赶紧让那个孩子听电话。

"你为什么哭?"

"我怕呀!"孩子抽泣道。

"我理解,肯定是怕失败,怕丢面子,明天没法见人。"

周弘已大概猜出了那个孩子的压力——分数。

"你是不是想成功啊?"周弘问道。

"当然想,我感到我自己整个完了,活不下去了。"孩子有气无力地说。

"你没有完,你一定要相信你行,你是天下最好的孩子,不怕失败的孩子。"

有了前面的铺垫,他立马接着说:

"孩子啊,你想想,如果有三种人生道路,你会怎样选择?"

孩子"嗯"了一声,把听筒贴得更近。

周弘先讲了两种人生。一种是成功而又痛苦的人生,他的人生经历是痛苦地奋斗,然后失败,再奋斗,再失败……在痛苦中度过了一生,直到80岁。临终前,按照世俗的眼光,他成功了,但是生命也结束了。

"另一种人同样活到80岁,他的人生是欢乐而失败的人生,经历是欢乐地奋斗,欢乐地失败,在欢乐里站起来,再失败……在欢乐中度过一生,但到生命结束时,按世俗的评价,他失败了,生命也结束了。"

"一个是成功而痛苦的人生道路,另一个是欢乐而失败的人生道路,你喜欢哪一种?"

"第二种"那孩子想也没想就说。

"你太聪明了,对于学生来说,求知应该是一种欢乐,学习的过程应该是欢乐的过程。"

孩子情绪上来了,抢着说:

"伯伯,第二种好是好,但如果有欢乐而成功的道路不是更好吗?"

"太好了,这就是我要讲的第三种人生道路。"

孩子的思维很活跃,周弘顺势而下:

"其实每个人都有一段欢乐而成功的人生经历,人与人的差异在于大多数人随着生命成长把这种快乐的感觉忘掉了,而少数人把快乐的感觉延续了一生,他们才是真正的成功者。"

"每个人在学走路时,都是欢乐人生的缩影。欢乐地跌跤,欢乐地爬起,再跌倒,再爬起,欢乐地迈步……直到成功,这难道不是欢乐而成功的人生经历吗?你想想,除此之外,还有欢乐而成功的例子吗?"

孩子兴奋了,大声地喊:"还有学自行车、学溜冰!"

"对了,关键在于不怕失败,恐惧就会消失。如果你保持这种心态,那么快乐将伴随你的一生,你能做到吗?"

"能做到!"孩子兴奋地说,电话里传来了孩子的笑声。

孩子的问题经过周弘的这样一翻译终于得到了解决。

由此可见,人生道路,重点不在于选择哪一条,而在于你要在追求成功的过程中,快乐地去奋斗,那样成功必然会降临。

你的人生之路应该像你学走路时那样,要始终保持快乐的心态,那么你的生命才会美丽,你的人生才能真正地成功。

4. 摆脱焦虑带给你的困扰

当你面对一件无法解决的事情时,由于心理作用的影响、你往往会将目光转向事情的负面,心情会愈来愈烦躁,集中到一定程度,你就会有焦虑的情绪。焦虑进一步侵害你,问题就会越来越多,你的自卑感就会越来越强。

一个人一直都是充满自信、精力充沛、富有理想,但是如果遭受一次重大的挫折,就很可能产生焦虑感,觉得疲惫不堪,心情沮丧,只能干一些小事,对工作失去了兴趣,一切事情都令人烦躁不安,更让人烦躁的是,在回到家里,面对亲人时还要担心自己的事业上的挫折为他们所知道。所有这些都无法从脑海里消除,以致不想见任何一个人。有时感到自己得了严重的疾病,并且好长时间都天天失眠,根本无从理解自己怎么会变成这个样子,也不知如何是好。不知道你又没有这样相似的经历?焦虑是烦扰、侵蚀你的思想与影响你的心理的杀手,它往往会影响你的判断力,进而导致盲目行动,更加剧身心的疲惫,让自卑情结更牢固。因此你要想超越自卑,就要切实地克服焦虑情绪,让自己能"心平气和"地工作和生活。

长期处在焦虑处境中,会让你的精神压力越来越大,甚至会使你的身体出现不适反应。这可能导致头痛,肩部、背部及胸部的疼痛。焦虑还会导致心理的变化。由于思维过度集中于忧虑的事情,以致人们总是认为事情糟糕极了，担心事情不可挽回，从而常常采取消极的态度，这种消极的态度又会给身体的变化带来恶性循环。这还不是全部，由于心理和生理产生变化，外化到你的行为，就可能导致你行事方式不正常。当一个人长期处于烦躁不安和紧张状态时，会不断的消耗人的精力使人疲惫不堪，从而无法处理危机情境。有时，你可能借助于吃东西，抽烟或饮酒来安慰自己。这虽然能在某种程度上使自我感觉良好一些，但却要你付出身体健康的代价，而且它并不能让你最终摆脱焦虑；害怕时最常见的反应是逃跑或躲避激起恐惧、焦虑的目标或情境。然而，逃避只能一时，你不可能一直都去逃避。

不知长久以来你是否形成了这样的观念：解决问题一定要抓住问题的本质，即为什么会这样？然后对症下药，即怎样才能得到最有效的解决？而不要把自己宝贵的时间浪费在一些琐事之上。克服焦虑的问题，就正是需要你去运用这样的思维方式。

一个人之所以会焦虑最常见的原因是信心不足，感觉自己无可奈何。那么这就要求焦虑者增强自信，遇到问题时冷静沉着。其次，焦虑是因为思维混乱所导致，那么要克服焦虑就必须合理地控制自己的大脑思维。产生焦虑的另一个重要原因，是人们过多担心问题解决不了所带来的负面效果。所以恰当地运用心理调节，把注意力转移到积极或愉快的事情上，就可以把你从焦虑思维中解脱出来，而分散注意力就是一种最好的心理调节方法。利用分散注意力的技巧来克服焦虑障碍非常有效，而且能给人思考的空间和重新计划的时间。但是，一定要谨记，分散注意力有主次之分，不能把它当做一种回避困难问题的手段，否则很可能适得其反。

焦虑，不管你是为什么而焦虑，只要你有一颗理智的心灵，就一定能找到最大的毅力和勇气来对抗它。

5. 不要让你的心情忧郁

一个老是愁眉苦脸的人，很快就会愁坏了自己的心情，说不定哪一天倒下来就死掉的。

忧郁是一种可以传染的"病魔"，一些人往往特别能释放这种精神毒药，无论你怎样努力的防御，他们都能将自己的忧郁传染给你，你如果怪他影响了你，他反而坚持说自己生性如此，能为人世间的一切事情而伤心流泪。但这往往都是自欺欺人的。没有人一出生就很可怜，也没有人生来就带给世人忧郁或生来就使人感到不快乐。正好相反，我们应该幸福快乐。

谁都没有权力给周围的人带来痛苦与伤害，同样谁都不应该在人们面前展现出忧郁的表情，谁都不应该释放"精神毒药"，散布疑虑、担忧、沮丧、泄气的情绪。你即使不在意自己的快乐，也绝不应该让他人也遭受痛苦。

令人惊奇的是，现在这个时代忧郁好像已成了有魅力的代言词，许多人居然能安之若素甚而迫不及待地迎接"忧郁"，而不管"忧郁"什么时候"光临"他们。他们一遍又一遍地讲述自己痛苦的情形，他们喋喋不休地谈论自己的贫困以及一切骇人听闻的琐碎细节，他们总是喜好对别人大倒苦水，感叹自己的命运是多么的不幸。他们还喜欢错误地将自己人生的痛苦归咎于命运，认为自己天生就是一个苦命人，所以不再去努力以求改变。因此，他们总是在不经意间将这些消极思想烙印日深一日地刻在自己的心理性格上。

有这样一个人，他几乎是一个善于以悲伤情绪传染他人的天才，只要你看他一眼，你也会和他一样变得忧郁起来。看他脸上的表情，你一定会认为他的身上此刻正承受着人间的一切苦恼。他一在场，人们就很难笑起来，人们就很难再现安详的神色。无论你曾经是多么富于激情，还是快乐常伴常依，他冰冷的表情和使人泄气的话语，以及他的疑虑和悲伤，总能使你不寒而栗，透心冰凉。每次在他身边时，旁边的人都感到自己好像一下子从阳光中掉进了地牢里。

其实，快乐，充满活力的生活，是人生中最值得拥有的生存境界。偶尔，我们可能会看到一些面孔，这些面孔有一种人世间不曾有的光芒，这样的面孔使人确信，它的主人在沉思某种神圣的事情。这副面孔如此的安详、平和，如此快乐，以致我们都感到自己已经洞悉了"最神圣的东西"。但是与那些悲伤、忧郁面孔的数量相比，这样的面孔又是多么稀少啊！

一个人如果每天都愁眉苦脸，郁闷难消，那么他的免疫力很容易就会被破坏，从而使人的身体易于遭受疾病的袭击，也容易使病情加剧。没有什么比精神沮丧和忧郁更易于传染了。

当你心情忧郁时，你很难会有好的判断和想法，这是因为合理的判断源于一个有效运转的头脑，来源于未被扰乱的清晰思维。而当你处于担忧或焦虑状态时，你做事必然会失败。所以你最好在思想清晰、头脑清醒时，去执行你的计划，贯彻你早已制定的行动路线。人们担忧时，往往精神分散，不可能有效地集中注意力。对于有效的思维而言，心平气和、镇定自若、情绪稳定、气定神闲是绝对必要的。

当你感到忧郁时，你应该尽可能彻底地改变你的这种心情。这时无论你在干什么，你都不要老想着你的困难或令你苦恼的不如意的事。你应该尽可能地多想一想那些令自己高兴的好事。你应当友善地待人、关爱他人。你应该尽力给你周围的人们以快乐和欢笑。这样，你也很快会感到精神振奋，将你的忧郁心情扫除得一干二净，让快乐随时陪伴在你的身边。

我们所具有的每项能力都应该是能让我们快乐生活的。所以，你要养成一种习惯，即尽快忘掉那些痛苦之事和不快之人，不要让忧郁的心情影响到你的生活。

忧郁就像疾病一样有违于人们的本性。你随处都能看到一张张焦虑、愁眉不展、快乐不起来的面孔，你随时可见忧郁不满的表情，但绝对不要让这些情形破坏你自己的快乐，忧郁绝对不是人类的本性情绪，它只是我们内心的一种不平衡，完全是可以消除的。

不要为你现在面临的那些小小的困难就担忧你的未来。要使你今天所遇到的密布阴云明天就烟消云散。一定要学会用开阔的视野来看待人生，一定要学会正确评价事物。

在少年时期，当你开始做一些有价值的事情时，如果你有时极度沮丧，你或许会觉得这时候放弃会轻松很多，这样的情形可能会不时的发生。但是，你应该认识到这时候撤退之后就绝不会有胜利，最可怕的是这种半途而废的习惯一旦养成，那么你的人生就不可能会有任何成功。因此，当你决心干一件事后，就应该下定决心，破釜沉舟，决不要为你的薄弱意志、优柔寡断或萎靡不振留一条退路。即使情况看上去很不明朗，即使你面临看起来无法克服的阻碍，你也要有足够的勇气和毅力，永不言弃，锲而不舍地去做你要做的事。

当然，失败对每一个人来说都是不可避免的，但你一定要记住，失败乃成功之母，失败本身并没有什么大不了的。你要坚信自己并不会在一个地方不停地跌倒，要坚信自己一定能走出困境。每当你认为自己是一个失败者时，你就有可能成为一个失败者，因为你的思想观念往往也就体现在你的生活模式中。你不可能摆脱自己的思想情绪,你也不可能摆脱自己的理想信念,而你的理想信念恰恰是你为自己树立的标准。如果你自认为是一个失败者,如果你的思想深处认为,你不可能和其他人一样能做任何有价值的事,如果你自认为幸运不属于你,你也没有其他人那样的机会,那么这些观念将会使你品尽人生的苦果。

忧郁就像是一把摇椅,它可以让你有事做,却无法使你前进一步。

6. 克服自卑心理,树立坚强的自信心

自卑是一种性格上的缺陷,它会腐蚀人的主动性与积极性。通常表现为对能力和品质的偏低评价,女生往往还包括对自己形体与容貌的不满意。

9岁的张萌萌自尊心特别强,以至到了一种自卑的地步。萌萌相貌不够出众,她觉得自卑,认为不会有人喜欢她;她的成绩不算突出,她也自卑,认为老师会讨厌她;她为体育课成绩自卑;为自己某天穿的衣服不够好看自卑。总之,王萌萌为一切有理由自卑的事情而自卑。所以,她不喜欢说话,不喜欢笑,逃避妈妈的关心,常常一个人默默地关在房间里,让她的妈妈非常担心。

产生自卑感的人经常胆小、怯懦、孤独、沉默,不喜欢交际,缺乏知己,活动能力差,进取心不强,更多地考虑自我,对人不够热情,常常回避群体活动,缺乏自信心。这样一个自卑感强的人,是很难做出成绩来的。一个人小的时候,正是学习功课、掌握知识的重要时期,此时如果产生自卑感,对于孩子的成长是非常不利的。自卑的孩子对自己的能力和潜能失去了信心,他们不会积极主动地去求知学习。所以,作为妈妈从小就要培养孩子的自信心,帮助孩子克服自卑感。

孩子自卑感的产生,一般有以下几个原因:

由于目标定的过高,如考试失误等接连遭到失败或挫折的打击;与他人相比在某些方面存在劣势,包括某些生理、心理缺陷等,以致造成不良的自我暗示、群体的消极暗示,等等。

克服自卑感,要根据这些不同的原因,对症下药,以便解决问题。

要孩子克服自卑感,首先父母自己要有自信心,否则就不一定能成功。妈妈要多教育孩子,让孩子知道任何人都有自己的优点和缺点,无论是身体方面还是其他方面,要使孩子能够扬长避短。

美国参议员艾摩·汤玛斯,在小时候因身体原因,就有着较强的自卑感,他的妈妈就是这样做的。他的妈妈这样说过:"……儿子,你的身体不太好,你可以用你的头脑为生,用自己的良好语言表达能力、宣传鼓动的力量……"因此,艾摩在妈妈的教育下,避开了身体上的劣势,克服了自卑感,终于获得了成功。

父母可以多给孩子讲,很多人都有着自己的缺陷,都会产生自卑感,关键要能够克服自卑感。

俄国文学家列夫·托尔斯泰,曾为自己相貌不扬而自卑。据说,从孩子时起,他就对自己容貌不扬而非常敏感。他感到苦恼,像自己这么丑的人,可能一辈子也不会取得成功。他的眼睛不但小而且还是凹进去的,前额窄,嘴唇厚,鼻子像大蒜头一样,耳朵大得令人吃惊,打个比方来说,好比是一个大猩猩一样。他在校时，老师对他的评价也是不高的，老师说他哪方面都不行。但他终于克服了自卑，扬长避短，不去当演员，不被不良评价所影响，最后终于写出了《安娜·卡列尼娜》等文学名著，成为世界级的文学大师。

亚里士多德、达尔文、伊索、拿破仑都有口吃的毛病，亚历山大、莫扎特、贝多芬、拜伦都因身体佝偻、口吃、身材矮小、耳聋等而产生过自卑感，但他们不因此而灰心，不丧失生活的勇气。他们坚定了成就大业的信心，结果都取得了成功。如果他们克服不了自卑感，是不可能取得成功的。

爱因斯坦在校时被称为不爱学习的孩子；爱迪生的绰号叫笨蛋，是学习劣等生；拿破仑的学习成绩曾排在第42位；丘吉尔则两次大考落榜。但他们并没有因此而自卑，相反，他们自信而努力，结果都取得了成功。

孩子只有克服自卑感，增强自信心，才能健康成长。

产生自卑感的孩子经常伴随着灰心与失望，这是影响通往成功之路的一大障碍。所以你一定要能克服自卑。

悄悄话

自卑是你说话与学习，待人与处世的最大障碍，它往往会让你对一切都失去信心，因此一定要克服自卑感，树立坚强的自信心。

7. 从现在起开始珍惜每一刻

生命是以时间为单位的，浪费别人的时间等于谋财害命，而浪费自己的时间等于是慢性自杀。

时间是最值得我们珍惜的东西。法国思想家伏尔泰曾说过这样一个谜语："世界上什么东西是最长的又是最短的，是最快的又是最慢的，是最能分割的又是最广大的，是最不受重视又是最令人惋惜的；没有它，什么事情都做不成；它使一切渺小的东西归于消失，使一切伟大的东西生命不绝？"相信你不难得出这个谜语的答案，那就是时间。

富兰克林曾经说："你热爱生命吗？那么别浪费时间，因为时间是组成生命的材料。"时间是我们生命中最宝贵的财富，一个人没有时间，就没有生命，没有生命一切都不存在。富兰克林就深知时间的宝贵。有一次在富兰克林报社前的书店里，一个顾客问售货员："这本书多少钱？""1美元。"售货员答。"1美元？"顾客问，"能不能便宜一点？"。"不，它的价格就是1美元，而且我也没有擅自做主的权力。"售货员不耐烦地说。这位顾客又犹豫了一会，因他的确比较喜欢这本书，就问："富兰克林先生在吗？我想见富兰克林先生。""他正在印刷室忙着呢。"售货员回答。"不，我一定要和他谈谈。"顾客坚持要见富兰克林。最后，售货员没有办法，把富兰克林先生找了出来。顾客问富兰克林："富兰克林先生，我想买这本书，你最低要收多少钱？""1.25美元。"富兰克林回答。"怎么又涨价了，刚才你的售货员还说只要1美元呢。""没错，但是，你耽误了我的工作时间，我情愿给你1美元也不愿意离开我的工作。"顾客心想：这也有些道理，为了这本书，自己也浪费了不少时间，不如就算了吧。又说："好吧。你这本书到底最少要多少钱呢？""1.5美元。""怎么又涨了25美分？""对。我现在能给的最低价格就是1.5美元。"富兰克林先生坚定地回答。这个人默默地交了钱，把书拿回家去了。富兰克林先生给他上了生动的一课：时间就是金钱。

浪费时间就是谋财害命。当钟表的秒针一下一下地移动时，那嘀嗒嘀嗒的声音就是在提醒你，你的生命正在流逝，秒针每移动一下就表示你的生命已经缩短了一秒钟。当日历一张张翻过时，那沙沙的声音就表示你的生命又缩短了一天。谁都不愿肆意地浪费自己的生命，但许多人却不懂得珍惜自己的时间。一个成功者应该珍惜自己的时间。世界上那些工作紧张而有序的人，都视时间如生命，不肯轻易浪费自己宝贵的时间。

你要想知道自己是否珍惜时间，是否知道时间的重要性，只要你看看你利用时间的效率就行了。利用时间的效率往往关系着你的人生前途。在你的学习生涯中，你一定要充分利用富裕的时间，把主要精力都投入到学业中去，在孩童阶段奠定好自己知识的基础。如果你不好好利用这段学习时间，让时间从身边溜走，那么，在这一阶段你所应该得到的知识就会少之又少。也许，现在你不会觉得自己损失了什么，但当你某一天工作时，你就会发现因为你现在浪费时间而没学到的知识，正好是你所需要的。相反，如果你能充分地利用好学生时代的这段时间，在以后的某一天你一定会得到丰厚的回报。

不浪费时间就意味着一个人要有很强的时间观念，要善于管理时间和利用时间。要做一个善于管理时间的人，就要经常为自己制定短期的计划和详细的时间表，另外还要有长期的计划和长远目标。例如，列出你一周或一个月内要处理的学习任务，按不同的重要程度分为几类，然后按分类情况去分别对待，以免有许多重要的知识因为学习了一些不太重要的知识而没有学到。人不可能一天二十四个小时都处于工作或者学习的状态，总要有一些休息和娱乐的时间，而且充分的休息和适当的娱乐也是提高学习效率必不可少的部分。但一定要记住：这一切都是以学习为中心的，都是为了学习服务的。当然，这并不是说你就得为了学习知识，而放弃快乐的生活，那并没什么意义，因为人生的每一刻都是平等的，都是我们所要好好珍惜和享受的，不能为了明天的美好就放弃今天的甜蜜。

充分的珍惜时间，好好地利用时间并不是件很容易的事，不是说一说就能办得到的。生活中总是有很多人说，他想读一点书，但就是没有时间。其实，这是很没有道理的。不管他是多么忙，他总不可能忙得连一点时间都抽不出来。他之所以有这样的想法，是因为忽略了生活中零碎的时间，而这往往对我们的人生来说是非常宝贵的。在许多等待的时刻，我们的时间往往在不知不觉中被浪费掉了。如果在生活中，注意利用这些短小的时间，读几页书，这样积少成多，积小成大，时间久了，也是受益无穷的。况且，利用了这段时间也会使我们在等待的时候不至于太枯燥。

而你现在的人生其实是最值得羡慕的，因为在这个时间段内，你在生活与心理都不会有太大的负担，时间完全可以充分的由自己支配，所以，你一定珍惜这美好学习时间，从而获得更丰富的知识。

少年易学老难成，一寸光阴不可轻。现在正是你学习的最好时候，只要你能抓紧时间学习，那么必将前途无量。

8. 战胜恐惧

　　孩子，在你现在这个年龄，可能对很多东西充满恐惧，这并没有什么，随着年龄的增长，你会逐渐地让自己的恐惧减少，但是你应该知道，恐惧的可怕不在于恐惧本身，而在于你无法战胜恐惧。

　　人类最大的敌人之一就是恐惧。它能剥夺人的快乐与幸福，使人变成懦夫。恐惧使人失败，使人变得卑贱。恐惧会使人的内心产生不和谐、容易发怒的浮躁现象，并造成严重的心理失调以及生理疾病，甚至造成死亡。事实证明很多疾病导致的死亡，不是由于疾病的本身，而是由于疾病所带来的对人类心灵的惊吓，这种惊吓导致人们生理和心理上的极大损坏，让一个人失去了活下去的勇气。恐惧能摧残人的意志力和生命。它不仅能损坏人的身体器官，还能破坏人的修养，减少人的生理与精神的活力，进而影响人的身体健康。它能打破人的希望、消减人的志气，使人心力衰竭，从而不能从事任何工作。

　　此外，恐惧还能摧残人的创造精神，它足以磨灭一个人的个性使其处于极其衰弱的精神危机中。伟大的事业绝不可能在恐惧的心情下完成。一旦心怀恐惧、不祥的预感，则做任何事情都不可能有效率，都不可能成功。恐惧往往能诱发出一个人内心最深的胆怯与自卑。这个魔鬼从过去到现在，都是人类最可怕的敌人，是人类文明事业的摧残者和破坏者。俄国伟大的讽刺主义作家契诃夫在他的代表作《套中人》中塑造了这样一个形象。主人公对任何事情都恐惧，把全身都严严实实地包裹起来，就像一只生活在巨壳里的蜗牛。这样的人生其实是最无意义的人生。一个满怀着种种恐惧感的人，不是真正意义上的"人"。

拒绝恐惧，像拒绝其他种种可能对你有害的坏习惯一样，可以从你的自身去克服。不要让恐惧深入你的心中，不要往恐惧的方面去想。一旦有了恐惧的心理，就该立刻拿出自信、勇敢、乐观的精神来对付恐惧，这样恐惧就一定会被打败。一个人死后来到地狱之门受审，撒旦问他："你最害怕的是什么？"他回答说："我什么都不怕，包括死亡。""那么"撒旦说，"你一定走错了地方，我们只接受那些被恐惧所束缚的人。"连地狱的魔鬼都无法容得下毫无恐惧的人，可见战胜恐惧是何等的重要，孩子，只要你能培养积极的心态让自己的心智得以健全地发展，勇敢地面对一切，那么你就必定能战胜恐惧。

所以，你一定要谨记，无论你心里害怕的是什么，都可能会成为事实。人们常说的怕什么来什么就是这个道理。一个害怕在冰上滑倒的人必定会滑倒在冰上。如果你的心中一再重复出现恐惧，你就会越来越怕你所恐惧的事物，而那些让你恐惧的事物也必然会出现在你面前，所以你最好在被恐惧征服前，先战胜恐惧。

你如果不克服自己的恐惧心理，你就绝不会领悟到生活的真谛。战胜恐惧，你才可能走向成功。

9. 要对生活常怀感恩之心

不要过多地去看别人有什么,而你没有什么,为那些自己没有的东西而感慨,幽怨是最没有价值的行为。你应该常怀感恩之心,感谢生活给你以可口的食物、温暖的衣裳、良好的学习环境,健康的身体……

有一位总统问一位活了104岁的老太太长寿的秘诀时,老太太回答说,一是要幽默,二是学会感谢。从24岁结婚起,每天她说得最多的两个字便是"谢谢"。她感谢丈夫、感谢父母、感谢儿女、感谢邻居、感谢大自然给予她的种种关怀和体贴,感谢每一个祥和、温暖、快乐的日子。别人每对她说一句亲切的话语,每为她做一件平凡的小事,每送给她一张问候的笑脸,她都忘不了说声"谢谢"。大家对她每天无数次的"谢谢"不但不厌烦,反而更加体贴关爱她了,总觉得自己若不付出更多的爱,就对不起她那一声声的"谢谢"……80年过去了,是"谢谢"二字使老太太的快乐长久,使老太太的幸福长久,使老太太的生命长久,使老太太一切的一切长久。

常怀一颗感恩之心,感谢生活所给带来的一切,这种感谢是一种最深刻的爱,感谢有多少,爱就有多少。

一个十四五岁的男孩因偷了书店一本书被保安抓住了。保安对他大声呵斥、百般羞辱，人们也对他投去鄙夷的目光。保安非要男孩叫他的父母或学校老师来领人，否则就要送他去派出所。男孩立时吓得缩成一团，一脸惊恐。这时，一位中年妇女冲进围观的人群，护住了那个缩成一团的男孩："别这样对待孩子，我是他妈妈！"

在众人异样的目光中，中年妇女替他交了罚金并领他走出书店，悄悄对他说："赶快回家吧，孩子，记住以后别再偷书了！"

几年过去了，这个男孩一直感激那位不相识的中年妇女，后悔没当面向她说声"谢谢"。要不是她，他的人生之路可能就是另外一条。他考上大学后，发誓一定要找到她。可茫茫人海，上哪儿去找呢？于是，他每年利用寒暑假，天天在那个书店附近等上半个小时，希望能看见那位中年妇女。此举虽十分渺茫，但他风雨无阻，始终没动摇过，因为他永远也忘不了那张慈祥的面孔。就这样，他坚持了两年，终于等到了她，说出了放在心里多年的一声"谢谢"。

这个男孩的"感恩"之心让人动容，只为了说声"谢谢"，他竟在街头守候了两年之多。假如把这个"谢谢"放在天平上，相信一座大山也难以超出其分量；假如给这个"谢谢"一个支点，相信地球也能被它撬动。

一位教师患癌症死了，他在临死之前留给人世间的最后一句话是"谢谢"；谢谢日夜照顾他的亲人，谢谢尽心为他治疗的大夫、护士，谢谢前来看望他的学生。

一位山区农民为了感激收留他走失的孩子并将其送上回家汽车的好心人，竟在一座小县城里挨家挨户地寻找了几千家，只是为了当面向那位好心人说一声"谢谢"。一个盲女在妈妈生日时送给她一份礼物，那是一点一点扎在生日贺卡上的盲文。妈妈看不懂，请别人给翻译，没想到那段盲文竟让她泪流满面，并视为她一生中收到的最珍贵的礼物。那段盲文是："妈妈，谢谢你把我养大！虽然你没给我眼睛，但谢谢你给了我生命；虽然我看不见你，但我永远爱你感谢你……"

对生活常怀感恩之心，最能表达出这种情感的往往就是"谢谢"二字。再优美、华丽的语言，要想表达感恩之心，往往都没有"谢谢"这两个字表达得更充分、完美、淋漓尽致！

一声"谢谢"，是连接人与人之间感情湖泊的彩虹，是架在人与人之间心灵岛屿上的桥梁；一声"谢谢"，陌生人之间的隔阂没有了，互不相识的人亲近了，人与人之间的关系也由冰山变成了温泉。

孩子，如果对一个怀有感恩之心，感激之情的人，那就尽快地对他说声谢谢吧！不要让长期的郁结在你的心底而成为一种负担，要让"谢谢"成为你释放自己感恩之情的白鸽，飞翔在这美好的人间。

生命需要"谢谢"，生命离不开"谢谢"。"谢谢"是人生天平上的一块砝码，它能准确地测出你道德的高与低、文明的大与小、生命的重与轻。因为不懂得"谢谢"的人，就不懂得人生，不懂得生活，不懂得爱，不懂得做人。文明程度越高的地方，"谢谢"出现的频率就越高。反之，没有"谢谢"的国家，是一个隐藏着极大危险的国家；听不到"谢谢"的社会，是一个正在逐渐走向堕落的社会。

有这样一个故事：两个人同时去见上帝，问上天堂的路怎么走。上帝见两人饥饿难忍，就先给他们每人一份食物。一人接过食物，很是感激，连声说："谢谢，谢谢！"另一人接过食物，无动于衷，仿佛就该给他似的。之后，上帝只让那个说"谢谢"的人上了天堂，另一个则被拒之门外。

被拒之门外者不服："我不就是忘了说句'谢谢'吗？"上帝说："不是忘了，没有感恩的心，就说不出谢谢的话；不知感恩的人，就不知爱别人且也得不到别人的爱。"那人还是不服："那少说一句'谢谢'，差别也不能这么大呀？"上帝又说："这没有办法。因为上天堂的路是用感恩的心铺成的。上天堂的门只有用感恩的心才能打开，而下地狱则不用。"

人间需要"谢谢"，天堂也需要"谢谢"；贫穷时需要"谢谢"，富裕后也需要"谢谢"；陌生人需要"谢谢"，朋友间也需要"谢谢"；困境中需要"谢谢",幸福里也需要"谢谢";凡人需要"谢谢",上帝也需要"谢谢"……土地失去水分便成了沙漠,世间若没有了"谢谢",连沙漠也不如,比沙漠更可怕。

说声"谢谢"轻而易举,但它所蕴含的感恩之情却能使别人的心灵得到最大的温暖。

10. 摆脱精神过敏

摆脱易猜忌、精神过敏的毛病,是你保持身心健康、头脑清晰的必要条件,也是你树立良好人格和坚定信心的坚实基础。

孩子,你或许会发现在你周围总有些人,他们的神经极敏感,总是很在意别人怎样,为一些无聊的话语而斤斤计较,甚至一看见陌生人,他们都会产生诸多的想法。你一定不能这样,如果有的话,赶紧改掉。这种心理障碍若不改掉,就永远不会有成功的希望。现实生活中这种因为精神过敏而无法获得成功的人数不胜数。这其中许多人都接受过高深的教育,有着正当的职业,只因精神过敏,别人一句批评、一句劝告,他们往往都受不了,会以为自己真的很失败,什么事也做不好。这种人往往因在办公室或其他地方遇到一点点小事,便神经大受刺激,从而感到异常悲愤。他们无时无地不在疑心他人,因此他们常郁郁寡欢,进而使自己的工作效率也大为降低。

凡是精神过敏的人，总是觉得自己无论做什么事，说什么话，到什么地方，总有人在注意着自己。他们总是幻想着，有人在时刻算计着自己，每个人都在与他作对而为难他。但事实并非如此，别人哪有那么多精力去算计他，这一切都是他自己的胡思乱想而已。他不明白人各有事的道理，别人在自己的事情上尚忙不过来，哪里会有那么多闲工夫去管他的闲事。大多数的人，就算脾气或举动有些粗暴，但那其实都是对事不对人的。他们对于别人，总是乐于帮助的多，存心为难的少，而且也不至于存心处处吹毛求疵。大家都在这忙碌的世界中来来去去，忙得不可开交，哪里还有时间顾及到别人这种神经过敏的毛病呢？

精神过敏的人不仅不会有快乐的生活，甚至会无端地添了许多的烦恼，不仅仅失去本不应失去的利益，甚至连自尊心都会受到践踏。有许多人，志愿不能达到，好梦不能实现，就是因为他们不敢进入现实中去。他们那过敏的神经使得他们成为懦夫。所以要想融入这忙碌、复杂的世界，必须先把这种精神过敏的毛病给除去。否则，你的一生都将充满失败和不幸。

而你要想克服精神过敏这种毛病，就要多与人沟通。在勾通时，少去注意自己内心那些琐屑微小的感受。别人说你的话，不要常常放在心中，胡乱猜测，否则，很可能把本来没有的事变成真事，把小事变成大事。不要太轻视别人的人品，不要总以为别人在敌视你，算计你。

此外，坚定的自信心也是克服这种精神过敏的有效方法。要坚信自己是一个有能力、能干事的人。这种自信心一旦成为习惯后，就很容易把心理怯懦、时时猜疑的毛病清除掉。

要想摆脱精神过敏，你就一定要能相信自己能力，同时还要相信别人的人品。

11. 自己的事情自己做，不要靠别人

> 遇事首先想到寻求父母的帮忙，这是不够成熟和依赖性的表现，而这种依赖性往往是阻碍成长的最大障碍。

当小燕子孵化出来，慢慢长出一点翅膀的时候，燕子妈妈就要开始教给它飞翔的本领了。

今天和往常不一样，往常总是燕子妈妈将小虫叼到燕子窝里来喂，可是太阳都落山了，小燕子还没有吃早餐。燕子妈妈嘴里叼着虫子，就在不远处飞翔。小燕子饿坏了，妈妈怎么还不给孩子吃食啊？"来吧，孩子，试着飞过来。""可是，妈妈，我不敢，我不会飞啊！"小燕子害怕地说，"离地太高了，万一掉下去怎么办？"

燕子妈妈什么也没说，只在空中盘旋着。过了一会儿，有只胆子大一点的小燕子从窝里探出头。

"孩子，来吧！你能行，我也是这么学会飞的。你试着拍打翅膀，对，就是这样！很好，你成功了！妈妈真为你高兴。"一只小燕子飞出巢，它成功了！

接着第二只、第三只小燕子也成功了。

最后一只小燕子，是妈妈最小的孩子，胆子很小，不敢飞。

"妈妈，我不敢飞！"这只最小的燕子说。

"来吧!飞是迟早的事情,我们还要飞越高山、大海,不学会飞,怎么行呢?你的哥哥姐姐已经会飞了,你要向他们学习,勇敢一点。"

虽然害怕,可是实在是太饿了,小燕子只好一跃而起,向妈妈飞去。

"哎哟,我掉地上了,好疼啊!"小燕子趴在地上痛苦地说。

"没有摔伤,试着再飞起来,来吧,妈妈这里有吃的。"燕子妈妈鼓励着小燕子。

小燕子看着妈妈,还有勇敢的哥哥姐姐,终于拍着翅膀试着再飞起来了。

"太好了,你也成功了!"哥哥姐姐高兴地祝贺它。

小燕子终于学会了飞翔,有了自立的能力,能够自己去寻觅食物,不用妈妈整天喂它了。

试着想想,如果小燕子没有学会飞翔,不能够自立,那么它如何养活自己,如何飞跃高山、大海,在南方过冬天,在北方度夏天?

小燕子如此,何况我们人类?从现在开始,不能再事事依赖父母,不管是在学习上还是生活上,遇到难题的时候,也不能再让父母替代我们或者全部帮助自己完成。自己的事情自己做,要学会自立。

自己的衣服要自己洗,父母工作忙的时候,要学会自己做饭。生活中的点点滴滴,都可以把它当成锻炼自立能力的机会。只有这样,你才可以更好地掌握自立的本领,将来出外求学,走上社会,就不会依赖别人,而能够独立应对自如了。

从现在开始,动手做我们力所能及的事情吧,洗衣服,做饭,整理自己的房间,等等。

做自己能做的事吧,这并不是妈妈不疼你,而是要你能真正地成长起来。

12. 不要盲目追星

  偶像虽然有着榜样的意义，但绝不能成为你生活与学习的榜样。盲目地追星往往会让你陷入迷茫的精神状态。

  在校园里，每当课间十分钟的时候，流行歌曲仿佛与中学生形影不离，许多同学凑在一起谈论明星。

  不喜欢正常说话，经常身着奇装怪服，舞弄着双节棍的周杰伦，现在已成为许多学生所疯狂崇拜的偶像，这其中的原因在哪里呢？看看众多Fans对周杰伦的赞美：

  "因为他的歌曲好听，很有动感，人又长得帅，很另类，又会作词作曲。"

  "因为他酷，有魅力，歌好听，给人一种朦胧的感觉，爽！"

  "因为他的歌有个性，长得很酷，还有在音乐中那种张扬的个性，我喜欢。"喜欢周杰伦还有一个原因，因为他很冷，才显得更酷，因此他与众不同。许多人正是喜欢周杰伦的这种另类，所以他才会有这么多歌迷。

  中学生喜欢的明星还有很多，例如：S·H·E、林俊杰、孙燕姿、谢霆锋……为什么喜欢明星、崇拜明星呢？原因无非是这么几个：男的长得帅，女的长得靓，歌曲中讲很多黯淡或明媚的故事，有的顽皮，有的深情，有的神奇，他们有个性、另类……可除了这些还有什么呢？

事实上，对明星的崇拜对学生来说并没有什么绝对的理由，只是在这个年纪，就会自动产生一种正常的欲望：找一个人来让自己崇拜。而明星又是最经常出现在你的视听中的，因此便首当其冲。

有不少的学生都可称得上是"追星族"。从影星周润发、张曼玉，到歌星麦当娜、杰克逊，再到球星迈克尔·乔丹、罗纳尔多……这些"星"们在追星族的心目中光芒闪耀，魅力无穷。

对于自己所追的星，或者说自己所崇拜的偶像，有人看他主演的每一部影片，听他唱的每一首歌曲，对他的比赛更是一场不缺。不仅如此，他们还疯狂地购买偶像的画册、唱片，收集有关偶像的一切资料；从生辰星座、身高体重、兴趣爱好、服装品牌到恋爱情史……如数家珍。

还有些人总喜欢那些个性鲜明、形象独特的偶像，以他们为自己的目标。为了使自己在其他同学眼中特别些，引人注目一点，便疯狂地追捧，模仿他们的偶像，整天看着偶像的照片，到处搜刮他们的花边新闻，没完没了地听他们的歌。甚至在学习的时候，他们也要边听歌边做作业，听着听着，心也就不知飘到哪里去了。

其实，对偶像的盲从心理是你这个年龄段的心理特质决定的：

（1）慕拜心理。试想一想，你现在喜欢的明星是不是男的大多英俊潇洒、风流倜傥，扮演的也多是些义胆冲天、侠骨柔肠的铮铮铁汉；女的则羞花闭月、沉鱼落雁，扮演的也多是些娇媚可人、善良温柔的婷婷玉女；球星也都英姿勃勃、气质逼人，在赛场上更有翻云覆雨、左右全局之势。这些难免让正处在青春期的少男少女们羡慕、迷恋、崇拜甚至疯狂。

（2）从众心理。在中学生中，追星现象很普遍，势力也很大，以致本来没多大心情追星的同学，为了不被看做"落伍"，不被视为"异端"，也自觉不自觉地入了流。

（3）时尚心理。"追星"，在不少中学生看来，就是件时髦的事，至于有没有道理、有没有价值，何必管它那么多？只要有"星"可"追"就足够了。

由此看来，追星对你说来或许也是一种正常的行为表现与心理需求，你无须为此承担太多的批评。但是，正所谓适可而止，凡事都有一个度，追星自然也不例外，你一定要记住：千万不能为了追星而影响自己的心理成长和学习进步，否则，就得不偿失了，所以，在追星时你应该把握以下几点：

首先，不能盲目。你所崇拜的应该是真正有你值得崇拜的东西的"星"。他不能只是"金玉其外"，而应该有高尚的人品和超凡的气度；他不仅仅吸引你的目光，更应该能震撼你的心灵。

其次，不能陷入疯狂。不要滥花时间和金钱在追星上。因为，星毕竟只是星，它永远也不可能成为你生活的全部，也不可能成为你生活的重心，他的光芒也永远不会罩到你的身上。

再次，不要过于狭隘。同学们所崇拜的偶像有同有异，不能因为偶像的不同，就对别的同学持排斥甚至敌对的态度。

最后，更应该善于从自己所崇拜的偶像身上吸取积极的人生经验。影视明星的成功一般都有着其值得称道的地方，我们要学习的就是他们这些部分，而且，追星不一定就要追歌星影星，你要能将范围扩大，凡是各个领域有所成就的人都可以是你要追的"星"。比如文学领域的莎士比亚和海明威，比如商界的比尔·盖茨，甚至还有家人、亲友或传说中的人物等。以他们为偶像，多是因为他们身上某种令人感动的精神，这种精神，可以成为我们奋斗的动力。

对偶像的崇拜，对明星的追慕一定不能过于盲目，要知道，你最终所成为的只能是你自己。

13. 三人行，必有你师

　　孔子云：三人行，必有我师。你所不知道的永远比你知道的要多，而别人也总有值得你学习的东西，所以你一定要保持谦逊，万不可自满。

　　自信是女孩子最应该具有的品格，但真正的自信永远还是建立在自知的基础上的。一个人要想拥有真正的自信，就必先得真正地了解自己。过度盲目的自信会变成骄傲自负。所以，无论在任何时候，永远不要以为自己已经知道了一切。不管人们把你评价得多么高，你永远都要清醒地对自己说：我是一个毫无所知的人。

　　人类已经有上千年的文明史了，到了现在，科技发展更是突飞猛进，人类所积累的知识宝藏也丰富得让你取之不竭用之不尽。每一个人的生命长度与人类历史相比都只有那么短暂的一瞬，每个人所掌握的知识与人类的全部知识相比就如同沧海一粟。所以永远不要说自己无所不知。只有无知愚蠢的人才会那样妄自尊大、自鸣得意，其实他所骄傲的自己"特长"往往正是受人讥笑奚落的短处，这种人往往把应该引为奇耻大辱的事大吹大擂。

　　《论语》有言曰："三人行，必有我师。"就是说每个人身上都有你可以学习的长处。一些以自己的知识丰富为荣的人往往只谈论那些早已经形成定论的事情,他们所做的判断一点也不吸引人。你知道越多,就会变得越谦虚,满足你虚荣的最好办法就是谦虚。就算你已经完全有把握的事,也要表现得还有些不确定;如果你真的想说服别人,那就讲述你的观点,而不是宣布你的观点,要表现出你愿意听取别人的意见,而自己的不一定正确的样子。

如果你经常和杰出人士交往,自己又有心留意的话,你一定会从这些人身上发现平常人所不具有的品格。注意观察那些出类拔萃的人,是最佳的学习之道。长期这样,你必能从中学到许多知识和经验。当你与一个人初次见面,不知道为什么目光就被牢牢地吸引,对对方产生好感,且认为对方是一个不错的人时,这个时候,你最好细心地观察他,要好好地用心想想,他是靠什么吸引了自己,让自己留下良好印象的。其实,你应该知道,这个人之所以这么吸引你,通常都会有多种原因。诸如谦虚却又不卑不亢的态度,不卑微地表达敬意的方式,优雅、不造作的肢体语言,干净整洁的着装等等。知道了这些,紧接着你就应该深入地向他学习,但要注意的是,即使学习对方,也不可完全舍弃自我,一个画家如果只是模拟其他画家的作品,即便所画的作品再出色,也绝对要比原作逊色,因为充其量,它也只不过是一幅完美的复制品罢了。因此,你一定要谨记,在向他人谦虚地学习时,千万不能遗弃自己的独特个性。

骄傲的人通常只会以一种资本为依赖,夸夸其谈,这是一个很不好的习惯,往往会让你付出惨重的代价。越是骄傲的人,付出的代价越会沉重。一个人如果太骄傲了,就会看不起其他任何人,甚至藐视权威,轻视规则,变得妄自尊大,谁都瞧不起,谁都不放在自己的眼中,就会"不承认世界上有比他更强更高的人,不承认客观实际,目空一切"。这样的话,他就会逐渐地生活到他所幻想一个人唱独角戏的世界,严重脱离实际,最后只剩下孤独的自己。一个人如果太骄傲了,他就会陷入一种莫名其妙的自我陶醉之中,陷入一个不切实际的骄傲自大的陷阱之中,无论别人怎么看他，无论别对他有什么样的说法和评价，他的"自我感觉"将永远是良好的，他永远生活在听不进批评的自我满足之中。莫里斯·斯威策说过："骄傲自大的人喜欢见依附他的人或谄媚他的人而厌恶见高尚的人。……而结果这些人愚弄他，迎合他那软弱的心灵，把他由一个愚人弄成一个狂人。"

谦虚并不是完全否定自我，他所表达是对自己的一种尊重和一种肯定。谦虚是成功与失败的融合；你应该对于过去的失败有所警惕，对于现在的成功有所感念。我们不能让成败支配自己。而谦虚所起的正是这种平衡作用，不能让我们超于自己，也不让我们劣于自己，也不让我们高人一等或屈居人下。当然，你要养成谦虚的习惯，就不能只是说说，要用时间去慢慢培养，应该谨记，只有谦虚的人，才会有不断的快乐，生活就是一个不断学习谦虚的过程。

真正的谦虚是最崇高的美德，是美德之母。你要时刻对自己所取得的成就保持批评的、客观的态度，不要自我陶醉，而是谦逊地寻找获得更大成就的途径。

第二章
珍惜友情，女孩应该记住的

自从世界出现人类以来，相互交往就一直存在，它是一种取之不竭的生活资本。没有交往，人类连最简单的活动也不可能进行。而在你现在这个阶段，学会交往的最主要意义就是重视与同学之间的友情，学会与同学互帮互助，友好相处。

1. 重视友谊，在交往中成长

"没有友谊，世界仿佛失去太阳"，友谊是人生最值得珍惜的情感之一。每个人都渴望能得到珍贵的友情，而在孩童时期的友谊，往往对其个体的成长发展有着巨大的影响。

古人常说："以文会友，以友辅仁。"这确是交友的金玉良言，当然在孩童时期，你的交友不必禁忌的太多，因为孩子们都是纯真自然的。但是，你也应该明确知道交友的目的：它是为了充实自己和寻求知音，通过与朋友的互相帮助，学习和沟通情感来达到共同进步的目的。

下面这则寓言，或许会让你有些启示。一个冬天的早晨，一股快要熄灭的火苗，甜言蜜语地对小树林说："跟我做个朋友吧！我是太阳的兄弟，不仅会给小树带来温暖，而且还可以使小树永久保持春天的青翠。"小树林信以为真，便与火苗交上了朋友，为火苗添上燃料。但当得到燃料之后，火苗突然变成了熊熊大火，火焰飞向了树枝，黑烟成团成团地冲上天空，小树林被烧成了灰烬，断送了美好的生命。

这个寓言告诫人们，交友要谨慎些，要能辨善恶，择友而交，切不可与小人为友，否则就会后患无穷。虽然你现在一般是不会遇到这种情况，但是你也应该有这个心理准备。

人际交往具有沟通信息、交流情感、协调行为、提高交友准确性的作用。

从人生发展的角度来认识人际交往尤其是同学之间的交往对你的成长发展的影响，有助于你在交往活动中拥有正确的方式：

（1）人际交往有助于你认识社会

人的社会化只有在人际交往中才能得以进行和实现。随着人的成长，交往的范围不断扩大，交往的内容逐步深化，交往的形式日趋多样。你的交往性质和交际水平，将会直接影响你在社会中生活的能力。

（2）交往活动是促进你认识自我的基本途径

人对自己的认识总是以他人为镜，需要通过与他人进行比较，把自己的形象反射出来而加以认识。在与人交往的过程中，你应该以同龄人为参照系，吸取更多的信息，更清楚地确定自我形象。

（3）交往活动是完善和发展你的个性的条件

人的个性除受先天遗传因素影响外，更重要的是后天环境的影响，长期生活在友好和睦的人际关系中，就会乐观、开朗、积极、主动。青少年时期是人的个性定型时期，积极的社会交往，有助于个性的发展和优化。

（4）交往活动是让你保持心理平衡的有效方式

人际交往的时间和空间越大，人的精神生活就越丰富，得到的支持与帮助的机会就越多，就越能保持心理平衡；而交往得不到满足时，人的情绪就低落，心理失衡得不到调整，就容易导致身心疾病。

友谊能产生一种巨大的力量，它能伴你健康成长。所以，主动地去寻找朋友，结交朋友吧，不仅如此，最重要的是你要能把和朋友互相正确地学习和启发当做人生的一种最高价值。

2. 如何获得珍贵的友谊

友谊是人生最大的快乐，人的生活离不开友谊，但要获得真正的友谊并不容易，它需要你用忠诚去播种，用热情去灌溉，用原则去培养。

达尔文自从花了五年时间，随"贝格尔"号作了一次环球旅行之后，便开始进行物种起源方面的研究。他是一个极为慎重的科学家，未经深思熟虑，不轻易发表论文。

1842年，达尔文写了一篇论文，介绍了生物进化论的基本观点。但是，达尔文觉得还不成熟，写完后就放在抽屉里。

1844年，达尔文把这篇初稿拿出来重新修改，写成了第二稿。写好以后，达尔文依旧觉得不成熟，不愿公开发表，只是拿去请他的一位好朋友看了一下，征求他的意见。

1956年，达尔文的朋友劝他无论如何要把第三稿写出来，于是达尔文时断时续地写作《物种起源》第三稿。

没想到，1858年的一天，他的妻子给他念了一封从马来亚寄来的信，达尔文深为震惊。

原来，他的一位朋友华莱士通过长期考察，也总结出了生物进化论！华莱士寄来了论文，请达尔文帮他发表。

读了信之后，达尔文心潮起伏，久久不能平静。他当时的感情是很复杂的：华莱士开始着手研究物种起源，比达尔文晚得多，如今先把论文写出来了。如果华莱士的论文一发表，那么，他再发表《物种起源》，意义就不大了，科学上的"头功"就不属于他了。

然而，达尔文是一位品德高尚、胸怀宽广的科学家，他决定放弃发表自己的理论，而把华莱士的论文立即发表。达尔文的一些朋友认为，达尔文很早以前就研究物种起源，比华莱士早得多。他们决定，在一次会议上，同时宣读达尔文论文的初稿和华莱士的论文。

就这样，在1858年7月1日那天，同时宣读了这两篇同一类内容的论文。

从1858年9月开始，在朋友们的热情鼓励下，达尔文花了一年多的时间，写出了《物种起源》第四稿。直到这时，达尔文才觉得他的这本著作，可以拿去出版了。

达尔文的巨著《物种起源》终于问世了。这本书印了一千多册，当天就一售而空！

华莱士读了达尔文的《物种起源》，深为达尔文那深刻的见解和慎重、谦逊的精神所感动。华莱士也是一个很谦虚的人，他认为达尔文确实比自己高明得多。他提议，把生物进化论定名为"达尔文主义"，而他则以自己是一个"达尔文主义者"感到自豪！

达尔文和华莱士的友谊真挚、感人的令人动容，他们的友谊，之所以这么崇高，原因就在于他们的友谊不是基于个人名利，而是以科学知识为共同基础。

孩子，你如果想建立和巩固好的人缘关系，那么增进相互间的友谊就是非常必要的，具体的方法有以下几点：

（1）感情激励法

在人际交往中，要尊重人，关心人，要动之以情，对人要倾注真挚的炽烈的感情，以争取人心，从而增进与对方的友谊。

（2）优化接触法

人们之间从相识、了解、深交到建立友谊，要经历一个反复交往的过程。如果相互之间能密切接触，就可以缩短这个过程。要增进与对方的友谊，你就必须凭着真诚的愿望加强与对方的接触。这种接触要把握好"四度"：一是有一定的密度，即交往次数频繁、频率高；二是有交往的速度，即在第一次接触后，紧跟随后几次接触速度加快，迅速催化感情的成熟；三是有相当的深度，即接触不只停留在外表，而应一次比一次深入；四是有可感的浓度，即使对方感受到你倾注了一定的感情，使之受到感情的理解和接受。

（3）深层了解法

美国沃特曼在《科技人员的管理》中指出：每个人的心理由三个动力层组成。第一层是表现层，即外表暴露出来的行为的总和；第二层是渐显层，即自己性格的一些特征，为别人逐步了解，自己不一定觉察；第三层是隐蔽层，即涉及自己的隐私，自己清楚，但不愿暴露给别人。在人际交往中，你要善于了解对方，不仅要观察对方的种种现象，而且还要不断地由表层深入到渐显层，由渐显层进入隐蔽层，从而达到对对方本质的认识。

（4）吸引法

在人际关系中，可以通过各种形式的吸引方法来增进与同学之间的友谊与合作。吸引的方法要根据对方的心理需求而定。

悄悄话

最珍贵的友谊是两颗心的真诚相待，而不是一颗心对另一颗心的敲打，你一定要能记住这一点：真正的友谊永远是忠诚无私的，它绝不会附带任何条件或者什么动机。

3. 珍惜与同学之间的情谊

　　同学之间，既是学习上共同进步的伙伴，又是生活中互敬互爱的姐妹，同学间如果缺少了友爱，一切美妙的景象都将黯然无光。

　　张丽和苏萌原来是一对好朋友，但在一次做游戏时，张丽不小心把苏萌的眼睛给弄肿了，从此两个人便一直没有说话，每天见面时大家都很尴尬。其实，张丽有好几次要找苏萌道歉，但苏萌每次都是理也不理就走开了。就这样本可以处得很好的两个好友"反目成仇"，让每个人都变得不高兴起来。怎样才能消除这种不愉快的心理呢？张丽在心里反复琢磨。一天，机会终于来了，那是一个星期六下午，学校组织灾区募捐活动，平常喜欢助人为乐的苏萌刚好没带钱，她可不想眼睁睁地看着灾区的小朋友们受苦，自己却不能尽些许微薄之力。张丽看在眼里，记在心里，他把钱先替苏萌捐上了，并且还署上了苏萌的名字，等班主任在例会上宣布募捐名单时，苏萌才明白是张丽帮自己把钱垫上了，她顿时感到心里热乎乎的，以前的一切和那些似乎非常之"不共戴天"的想法也在这一刻抛到九霄云外去了。等会开完以后，两个好朋友之间的隔阂早就烟消云散了。是友谊化解了她们的积怨。

　　在你现在这个年龄，接触与交往最多的就是你的同学，你也肯定十分渴望有一些知心的朋友，当然，在这之中，你或许也会碰到一些苦恼，不要为此惊慌,因为这是很常见的一个问题。《中国青年报》就曾对中学生做过专门调查。

从调查中发现:除了2.5%和24.5%的同学分别只跟家人说和记在日记本中(对谁也不说)外,有了3%的同学都选择了向朋友倾吐自己的心事。

他们认为:①知心朋友要比父母更理解自己;②知心朋友即使不能圆满地解决问题,但那倾诉以后的感觉却是十分舒畅的。

从调查中也发现,当苦恼涉及个人隐私和异性朋友之间的感情时,就会变得复杂一些。尽管大多数同学都有朋友,而且很珍视他们之间的友谊,可真正跟朋友无所不谈的人并不多,只占36%。部分同学把友谊看得非常单纯,对他们来讲,朋友就意味着互相信任、互相帮助,甚至是"心连心"。

有位同学说:"我与知心朋友几乎无所不谈,不想保留什么。因为我想,既然是知心朋友,就要真诚相待,要用自己的真挚的感情去对待别人,只有这样才会相处成最最知心的朋友。"

"我和朋友根本不可能无话不谈。每个人都拥有太多的'面具',只有独自一人时,所有的面具才会卸下。"

"我跟那几个所谓的知心朋友并不是无所不谈,总是对一些要紧的事有所保留。因为我怕他不能保密,或将来有一天我们的关系破裂时,他会出卖我。"

从上面这些同学对问题的回答中,你一定会产生共鸣:渴望友情。然而要想得到真正的友情,你就应该做到用宽容和理解的心态,主动增加相互间的交往和接触,坚决不要封闭自己的情感。

  同窗之谊是人生中最重要的,最值得珍惜的情谊之一。所以你一定要学会与同学互帮互助、友好相处。

4. 坦诚以待，是交往的基本要求

坦诚是人类最高贵的美德之一，也是人际交往最有效的法则之一。坦诚地与人交往，往往最能打动人心。

先看看下面这个人的经历：

一位朋友要开生日晚会，托我帮她买一个西瓜。那天中午，我路经西瓜市场，随便地在第一档西瓜摊前看看。一个小女孩对我说："阿姨，如果你要买西瓜的话就等一等，我爸爸回家吃饭，很快就回来了。"我本不会挑西瓜，这会儿也只好装模作样地拍拍这个敲敲那个。我问："你们的西瓜够甜吗？"话刚出口便觉得这样问纯属多余，世上哪有卖花的不赞花香呢？谁知，小女孩居然这样回答："我刚才吃了一块，不够甜。"那一刻我非常意外，这是我头一回听到卖西瓜的说自己的瓜不够甜啊！我真佩服这女孩的诚实。我好想买她的西瓜，但又担心朋友怪我不会挑，只好遗憾地离开。

我到了另一个西瓜摊，西瓜堆里竖着一个木牌子，上面写着：哗！全城最靓！包红包甜！我挤进人群里打算挑选。忽然背后传来了恶狠狠地骂声："蠢货，谁叫你说不够甜！谁叫你说不够甜……"我好奇地转过身，发现一个中年男人正用秤杆横扫着那个卖西瓜的女孩的腿。我悄悄地问附近一位卖荔枝的婆婆："那个男人怎么打那个女孩？"阿婆说："做父亲的嫌女儿不懂做生意嘛！说起来那女孩也真该打，好不容易等到有人来看西瓜，她又对人家说自己的西瓜不够甜，白白吓跑了几个客人。"我听罢几乎傻了眼——难道说真话也有罪吗？

我忽然想到，假如那小女孩刚才骗我说那西瓜很甜，我一定会买的，可为什么她说了真话我反而不买呢？这不明摆着是"奖假罚真"吗？我开始觉得内疚和心痛了。

不知被一种什么力量驱使着，我以最快速度跑到那小女孩跟前："小朋友，我买你的西瓜！"我选了个最大的放在秤盘上。那男人过秤之后伸手向我要钱："六元二角。"我故意不给他，示威似地把七元钱递到小女孩手里说："剩余的八角钱就当阿姨奖给你。"老实说，我为那个小女孩才买这个西瓜，说确切点是为了奖励她那一句真话。

看了上面这个事例后，你应该能认识到坦诚的弥足珍贵了吧！它绝对是你在与同学相处时，所必须遵守的首要原则。

所谓坦诚相待，就是"知无不言"，"言无不尽"。这是批评者的态度，而接受批评要"有则改之，无则加勉"。怎样对待别人的批评，又如何批评别人，这个道理你肯定懂，但关键是你一定要做得到。

如班上的部分同学对某某老师有意见，上课时与老师有些"顶牛"。据说是因为老师对某件事处理不公，偏袒了几位学习好的同学造成的。作为课代表、班干部，出于对老师的关心，你能及时地把这些情况反馈给老师吗？你能毫无保留地与老师交换意见吗？如果话到嘴边留半句，似是而非，老师不能了解实情，那么就难以找到解决矛盾的正确途径和方法，因而也就达不到提意见的目的，反而会使老师产生错觉，觉得你是非不分，而错怪了你。

此外，坦诚也要注意分寸的把握。也就是说你的坦诚不能毫无保留，不能太绝对。双方都把话摆到桌面上来，意见不统一也不要紧，最重要的是你不能固执己见，要谦虚谨慎；不要强加于人，要客观表示自己的态度。具体讲，可以这样说："老师，这个问题我认为怎么样……"而不要说："老师，你肯定错了，我的意见是绝对正确的！"对于教学中某些有争议的但学术界至今还没有定论的提法或问题，阐明自己的观点就是最坦诚的做法。

　　人是要保持自己真正的面目，而坦诚就是对自我最真实的心灵绽放。你应当避免虚伪与欺骗，用你的坦诚去与人交往。这样你才能坦然无愧地屹立于这人世间。

5. 善于倾听，从内心接受对方

　　倾听是一种最美的语言，耐心听取他人的说话，不仅有助于你发自内心地去了解对方，也会让对方打心眼里喜欢你。

　　克雷格走到哪儿，就会给哪儿带来生气与活力。当你讲话时，他会全神贯注地倾听，让你感觉自他听你说话的那一刻起，你的身份就比以前更加重要了。人们都喜欢他。
　　一个阳光灿烂的秋日，一个朋友和克雷格坐在自习室的老地方。朋友向窗外望去，注意到我的一位教授正在穿过停车场。
　　"我可不想碰到他。"朋友说。
　　"为什么？"克雷格问。

朋友解释说，上个学期他和那位教授的关系不太好——那位教授不喜欢他提出的一些建议，他也不满意朋友所回答的问题。"除此之外，"朋友又说道："那家伙就是不喜欢我。"

克雷格俯视着下面的过路人。"或许你想错了，"他说，"或许是你在逃避他。你这样做，只因为你害怕。而他可能也觉得你不喜欢他，因此对你他也就不那么友善了。人们都喜欢那些喜欢自己的人。如果你对他表示好感，他就会以同样的方式对待你。去跟他说说话吧。"

朋友试着下楼去了停车场。他热情地问候教授，并问他暑假过得如何。教授看着克雷格的朋友，表现出十分惊奇的样子。他们边走边谈，而此刻克雷格正透过窗户看着他们，咧着嘴在笑。

克雷格向朋友解释了一个如此简单的概念，简单得让这位朋友难以相信自己竟从不懂得这个道理。和大部分年轻人一样，你对自己缺乏自信。每一次与人接触，你都害怕别人会如何评价自己，其实与此同时，别人也在担心你会如何评价他们。从那天起，这位朋友不再注意别人眼中的评判，意识到人和人之间必须相互沟通的需要——并与人分享一些自己的秘密。

每一次短暂的会面都成为一次奇遇；而每个人的经历都是生活的一课。那些富人、穷人、有权势的人与孤独的人，都像我们一样充满了梦想和疑虑，并且每一个人都有一个独特的故事可以讲述，只要我们用耳朵去听。

我们放走过多少如此珍贵的机会。那些人们认为相貌平凡的女孩，穿着古怪的男孩——他们像你一样有故事要讲，也像你一样梦想着有人愿意倾听他们的故事。

这就是克雷格所懂得的道理：先喜欢他人，再问一些问题，看看是否你投射在别人身上的光芒，会一百倍地反射回你的身上。

而在你与同学的交往过程中，要想有效交换彼此的认识，和谐地进行交流，你就必须学会积极而有效地倾听对方的语言。具体地说，就是能把对方的语言转化成我们头脑中的形象，真正地理解对方的语言，然后站在彼此共有的立场上客观地与对方交谈。

倾听是一种非常强有力的影响手段，在这个缺乏关注和爱心的时代，倾听至少传达了你对别人的尊重，有时甚至比这还多。

在一个宴会上，一个男子只是认真地默默地听，有时点点头。他旁边的一个女人在眉飞色舞地讲。在宴会结束的时候，这个女子对这个一直没有讲话的男子说："你说话太有意思了，跟你在一起真高兴。"

这个故事说明，倾听不仅可以让人得到表达的机会，并使表达者得到了愉快，而倾听者则得到了表达者的尊敬。

倾听是一个积极地接受、分析和理解对方的过程。在倾听的过程中，你不仅要弄清楚听到的内容（是什么），而且要分析说话者的动机（为什么）。当你从这两方面着手来听而不是想当然地假定与你交往的人说的是什么意思的时候，你就会更真实地了解对方。

你如果不认真去倾听别人的诉说，就别指望别人会为你的诉说所吸引。

6. 常怀宽容之心，要善于谅解对方

同学间的宽容和谅解，往往能让彼此的情谊永葆。如果你没有一颗宽容、谅解之心，那么你与同学间的交往将会"冰天寒地"。

先看看一位小学生的经历：

作为班上的生活委员，换饭票这个任务，就落在我肩上了。由于是第一次换饭票，对此还没有经验，我把饭票发错了。20元一份的饭票当成10元一份发给了同学。饭票发完了，可还有几个同学没领到饭票。当时把我急坏了，老师给的总数肯定不会错，一定是我多发了饭票。我着急地到宿舍去问，有没有发错了，同学们听了都立刻数饭票，把多发的还给了我。有不知道的过后都陆续送了回来。

我非常感动，发错了饭票，这本来是我的过错，可同学们并没有因此嫌麻烦，发现自己的饭票给多了，他们立刻还给了我。几个没领到饭票的同学，那天中午吃的是方便面，当我把饭票给他们，并向他们道歉时，他们还说我辛苦了。当时我听了，真想哭，由于自己的失误，给同学添了这么多的麻烦。但同学们的真诚、谅解的精神感染了我，它激励我更加努力地工作，多为同学服务，以不辜负同学们对我的支持。

我们的集体是团结的、温暖的，但在实际学习、生活中也不免发生误会。这就要求你遇事时要多从自己身上找不足，这样关系才有可能融

洽。记得那天正值扫除，一个同学负责拖地，他懒懒散散，我很生气，心想，别的同学都很认真地干活，只有你那么心不在焉，太不认真了。我走上去，说了他几句："别人都干得很好，你为什么不好好做呢？"他看了看我，没有说话，但显然生气了。做完扫除了，我看着他正在收拾书包，心里很矛盾，很想上去对他说对不起。因为以前就听同学说过，他是独生子，在家很少做家务活，这次，也许他很认真地去做了，但因为做不惯，没有扫好。这么想着，我觉得自己刚才说的话重了一些。于是我鼓起了勇气，走了过去，不好意思地对他说："对不起，刚才我的话说重了，你不要生我的气呀！"他听后，笑了，一看到他笑，我放心了，说明他不生我的气了。他反问我："你同每个同学闹别扭，都道歉吗？"我说："不，但只要我做错了，我就会这样做的。"从那以后，我们之间，好像从没发生过什么不愉快的事似的。

同学之间其实就应该这样，只要你真诚地面对每一个人，带着谅解、宽容之心去对待每一个人，那么，你就会赢得每一个人的心。孩子，这一点你必须谨记。

如果人与人之间没有谅解，那将会没有人际关系的和谐；如果社会交往中没有谅解，那每个人将会被争吵与喧闹所包围；如果人间没有谅解，那人间将会成为一个结怨和报复的世界！因而一位伟人说：人与人之间的谅解、支持与友谊比什么都重要！

在日常的生活与学习中，你要学会宽容、得饶人处且饶人，不要过于斤斤计较，当然，这并不是说你凡事都要忍，都要吃亏，而是说在坚持的一定原则的前提下，常以一颗宽容的心去处理生活中的矛盾。这样，你才能与同学，老师等在相互体谅的过程中携手共进。

宽容，是彻底谅解的良方。它与忍让不同，忍让不是真正的谅解，它不能弥合感情上的伤痕；只有宽容，才是真正的谅解，才能刮掉旧时感情伤口上的脓水，医治好感情上的创伤；只有那种不闻、不记、不追、不查的谅解，才能收到谅解应该收到的效果。

如果我们每个人都能学会宽容而又善于宽容，那我们的生活将会更加愉快，我们的工作将会更加顺利，我们的队伍将会更加团结。

宽容与谅解是人类的最崇高的美德之一，它体现了一个人高尚的人格；宽容是吹拂在人们心头的春风，它可以融化凝结在人们心头的寒冰；宽容像一支饱蘸思想感情的笔，它可以把胸中积怨一笔勾销，在两颗心灵之间架起一座友谊的金桥。所以，孩子学会宽容、学会谅解吧！

当你宽容、谅解别人的时候，你就会发现在你周围的永远只有朋友。

7. 理解是人际交往的润滑剂

理解绝对称得上是养育一切友谊之果的土壤。凡事都站在对方的立场想一想，那么人际交往中就很难有解不开的矛盾。

小虫非常喜欢交朋友，她认为她现在所取得的好成绩，跟她的那些朋友有不可分割的关系。刚来到这所重点中学时，小虫被眼前的景象惊呆了，高大的楼房，明亮的教室，还有巨大的操场，最令她吃惊的是与她一起考上的同学们：杨帆是奥赛一等奖获得者；芹芹的口语直接就可以考托福；阿力的作文已被收入小作家文库……她自己呢，唉，真是一无是处。

为此，她苦恼了整整一个学期，期末考试的成绩就可想而知了。她有好几门课没及格，正当她感到孤立无援而想转学时，杨帆、芹芹还有那个拖鼻涕的阿力向她伸出了援助的手，杨帆讲的数学题好像一点都不亚于数学老师，而芹芹的口语则让小虫感受到了地道美式英语的魅力，阿力的古文释义则让小虫对博大精深的语言文化佩服得五体投地……有了这几个好友的帮助，小虫的成绩很快就提高了许多。而小虫也重新找到了继续学下去的信心。最为重要的一点是，通过这些朋友的帮助，小虫也变得非常愿意结交朋友，这让她在这所重点中学里如鱼得水，成绩扶摇直上。在前不久举行的生物实验大赛上，小虫一举捧回两个大奖。在庆祝会上，她对着这些曾经帮助过她的朋友，流出了激动的泪水，她哽咽着说："谢谢大家，没有你们的帮助就没有我的今天。"她还在《我的朋友》的作文中写道：

"好朋友是能够了解、理解你的人。他喜欢你，而且不受谣言或是别的什么事情的左右，你可以跟他生气也可以跟他吵架，但这并不影响友谊，你们总能相视一笑泯恩仇。好朋友还是无话不说的可以彻夜倾诉的对象，你根本不必担心他的口风不严，他会是你所有秘密的最后终结者。好朋友还是无论发生什么样的变故总能站在你身边的人，大家不但分享快乐时光，也一起度过艰难岁月。"

每个人都需要理解，同学也不例外，只有在理解别人的同时，我们才可能去帮对方进而得到对方的帮助，要想做到理解对方，你需要从这几个方面入手：

（1）了解同学的内心想法

在你与同学的交往过程中，你很可能只是停留在对对方的外部特征的了解上，而不善于了解对方的内心活动。这种感知的不灵敏和理解的不深刻肯定会影响你与同学间交往的深度和融洽性。因此，在与人交往时，你不妨努力做到善解人意，助人为乐。

（2）以热情、豁达的心态去对人

除了周末，你一般是每天都要和几十位同学生活在一个集体之中的。而不同的同学有着不同的家庭环境，有着不同的生活经历，有着不同的性格爱好。交往中难免发生磕磕碰碰的事情，同学之间、个人和集体之间常常会有利害冲突。这个时候，你就应该真诚地去爱你的同学，把集体放在你的心中，以一颗豁达、热情的心去面对任何一个人，那么，你将永远幸福快乐，远离烦恼忧愁。

（3）分清个人与集体的关系

一个人离不开集体，正像一滴水离不开浩瀚的江河大海，否则会干涸一样。一滴水的寿命是短暂的，但当它汇入海洋并与之融为一体的时候，它就会获得永生。一片雪花微不足道，然而，它"分才一毛轻，聚成千钧重"。一粒石子固然渺小，但"高山不择细土，故而能成其高"。一个人又何尝不是如此呢？如果你离开了所生活的集体，离开了同学，那么你的生活和学习都将成为无根之木，无源之水。

在交往过程中，你应该谨记，别人所需要的并不是你所赞同的行为，而只是你对他的理解。

8. 相互学习，优势互补

尺有所短，寸有所长。而取长补短正是人类获取经验不断进步的重要方法之一。你要想在学习上提高自己，就应该掌握这种优势互补的方法。

19世纪，德国的化学家维勒和莱比希，有着截然相反的气质和性格。莱比希豪爽开朗，富于挑战性；维勒温和沉静，遇事不露声色。他俩的性格如同水火，别人说维勒是"一盆冷水"，莱比希是"一团烈火"。两人合作伊始，很不习惯，常有摩擦。但由于他们经常沟通，加深了彼此间的理解，并共同致力于相同的科学课题，努力从对方身上汲取有益的启示，求大同，存小异，化小异，扩大同，两人的关系越来越默契，使得学术研究相得益彰，取得了卓越的成就，共同成了有机化学的创始人。

这个真实的故事告诉人们：只有奉行略小节而取大义的"模糊哲学"，才能在大目标一致的前提下，优势互补，广结善缘，团结更多的人去共同奋斗。这个故事还昭示我们：性格迥异的人若能求同存异，取长补短，就能使得智慧不断升华，就能创造出更加辉煌的成就。

孩子，你应该认识到在任何一个群体中，各个人的知识、能力、气质、性格都是各不相同的，不可能处在同一水平线上，各人有各人的优势，各人有各人的长处。优势互补，充分发挥各人的特长，是任何一个群体团结向上、取得成功的保证。

在学习与生活中，学会与同学优势互补，必然会让你成长的步伐更加快捷。一个学校的学生、一个班集体的学生，往往来自不同的地区、不同的中小学、不同的家庭，他们的经历、以往所受的教育，他们的知识结构和社会活动能力，他们的气质和性格，均不完全相同，各人有各人的优势和强项。只有通过集体内部、同学之间、师生之间的交往，在多方面的双向交流中，取长补短，才能既产生整体效应，又使各人的才能得到更全面的发挥和增值。

现在的时代，是知识经济时代。这个时代需要的是不同知识、才能、气质和性格的人组成有效的工作或研究群体，这样的群体中所包含的知识结构、智能结构和所达到水平是任何单个个人的能力和作用所达不到的。同时，人才之间的知识、能力和性格上的优势互助作用，又有利于每个人的发展和成长，达到既提高群体的整体素质，又提高个人素质的目的。

现在的你正是培养能力、增长知识的最好时机。进行良好的人际交往，互相学习，取长补短，注意发现和学习别人的长处，克服自己的短处，充分发挥人际交往中优势互补功能，对于把自己培养成为全面发展的合格的跨世纪人才，其意义是深远的。

从渺小走向伟大，从失败走向成功，其关键点往往就在于发现自己的短处和别人的长处。

9. 争当学生干部

或许，你会觉得当学生干部没什么好，不仅要为老师、同学跑腿，做不好还要挨老师的批评、同学的嘲笑，最严重的是还会影响自己的学业，其实这种观点是极其错误的。

现代社会，发展的步伐愈来愈快，而对人才的需要已不是那些只会死读书、读死书的书呆子了，而是那些具有各种能力、朝气蓬勃的，能参与到管理国家、建设国家中的人才。当学生干部就是培养这种能力的重要一环。

当学生干部影响学习、成绩往下掉的现象有，但是，如果说当了学生干部就必然影响学习，就有失偏颇了。严格地说，是由于学生干部没当好，才影响了学习成绩。当好了学生干部，学习成绩和工作能力会双丰收的。

中学生王敬当过校学生会干事、班团支部书记、班长。他说："当学生干部有得无失。有人认为自己学习成绩下降是由于工作量太大，其实这是工作、学习的关系没处理好。相反，作为一名学生干部，自尊心常常会激发自己奋发向上。"

有一次，王敬连续出外组织了几次活动，确实耽误了一点时间，影响了他的学习成绩，期中考试成绩排全班第八。学生干部的自尊心促使他抓紧一切空闲时间学习，到期末便跃为全班第一。此后，他一直保持了这个成绩。同时，当学生干部，每过一阶段，总要写几份工作总结，这在客观上锻炼了他的概括能力，反映在试卷上就是他答题的条理性比别的同学强。

中学生徐林认为，当学生干部，加快了自己思想上成熟的步伐，促使自己在学习上高标准高要求，培养了自己谦虚诚实、顾全大局、任劳任怨等良好品质。特别是当学生干部经常要组织各种活动，这使自己在各个方面的能力得到了提高。

徐林原来比较内向，在生人面前不敢大声说话。如今组织活动时，他讲话语句流畅，有条有理；他懂得干部的威信来自出色的工作，于是摸索着改进工作方法；为了做好工作，他还学习多种技能。同学中，有的爱唱，有的爱画，徐林就向他们学。"如果我自己对这些方面也多少懂一点，就容易和同学接近，建立友谊，有助于开展工作。"徐林认为，"当干部可以加快自身各方面成熟的步伐。"

现在的教育，尤其是中学教育的最终目标就是要培养面向现代化、面向世界、面向未来的高素质人才，而现代社会所需要的也正是那些能在激烈竞争中立足并发展的复合型人才。所以在学校里你就应该争取每一个学习和锻炼自己的机会，不断提高自己的能力，为将来踏入社会做好准备。

在学习知识技能的同时，你还应该敢于争取当学生干部。学生干部是广大学生中的特殊群体，是所有学生中的优秀代表，当学生干部可以从各方面、各角度培养自己的能力。学生干部能够在联系学校与家庭、老师与学生的过程中，在学生干部的职责范围内充分发挥自我优势和自己的特长，在组织、宣传、沟通、创新等方面提高自主能力。

当学生干部不见得就会影响你的学习。一般来说，学生干部都是经过层层选拔、自己报名参加竞选和面试最终确定的。他们有报名的勇气，有参加竞选的魄力，又有通过面试的能力，因此，往往不会缺乏各方面、全方位发展的自信。是的，能够自我推荐，能够在层层选拔和众多竞争中脱颖而出的学生干部都有比较强的自信。但是，他们大多数有的是当学生干部的自信，至于能否当好学生干部，能否当一名优秀的学生干部，或者在组织活动、开展工作过程中面对要解决的具体问题时，就不一定有十足的自信了。而学生干部的工作就为他们创设了显示才能的各种机会，让他们收获成功的喜悦。

学生干部在开展工作的时候，要加强观察分析能力，养成善于观察分析得好习惯，工作中要从多方面思考，并多与同学交流，做思想工作。这些会让他们学会发现别人身上的闪光点，学会表扬、鼓励、激发同学的上进心，无形中也提高了自己的学习成绩和综合素质。

学生干部的工作还会加强他们的组织协调能力，并增强与别人合作的能力，在实践中学会合理有效的管理。因为经常要主动与人交流，学生干部就会去揣摩、学习别人的讲话技巧，认清表达对象，理清表达思路，选择最佳时机，从而不断提高自己的语言表达能力。

勇敢地向同学和老师推荐自己，争当学生干部，向大家展示你的才能。这样你就能让自己得到很好的锻炼，让自己更好地成长。

10. 给自己寻找一个榜样

榜样的力量是无穷的，不管是学习还是生活，只要你能为自己树立一个榜样，并敢与之竞争，那么你就会在这种竞争的氛围里，更加努力地充实自己，锻炼自己，从而获得更大的进步。

云雀看见麻雀整天在树枝上跳来跳去，就问："麻雀阿姨，你为什么不飞得高一点呢？"

麻雀斜着眼瞄了云雀一眼，说："难道我飞得还不高吗？你瞧瞧公鸡。"

云雀于是去问公鸡："公鸡伯伯，你为什么不飞得高一点呢？"

公鸡骄傲地在房顶迈着八字步，反问："难道我飞得还不高吗？你瞧瞧鹌鹑吧！"

鹌鹑奋力从草尖上飞过，得意地对云雀说："难道我飞得还不够高？你瞧瞧癞蛤蟆！"

后来，云雀遇见雄鹰，便向雄鹰请教："雄鹰叔叔，你为什么飞得那么高呢？"

"不，不，"雄鹰谦虚地说，"离蓝天，我还差远了呢！"

"啊，我明白了，"云雀眨巴着眼睛想，"谁如果想展翅高飞，就不能把目标定得太低，如果眼睛只盯着树冠以下，那就永远不可能在蓝天白云间翱翔。"

傲慢的麻雀、骄傲的公鸡和自满的鹌鹑，它们老是低头看不如自己的动物，结果就觉得自己很了不起。它们永远也不会像雄鹰那样在蓝天白云间翱翔，只能在低处勉强飞行，做自欺欺人的自满者。

事实上，在你的身边，也不乏这样的例子，你的同学中，有的整日无所事事、漫无目的，像上文中的麻雀、公鸡和鹌鹑一样，只会拿不如自己的东西作比较，他们永远也不可能取得进步。

当然，与此不同的是，你的更多的同学一直在寻找那些优秀的学习榜样，为自己树立奋斗的目标，像雄鹰一样，向更高处的蓝天白云看齐，不懈地努力，终于能够在蓝天白云间自由翱翔，看见更远处的美丽风景。

俗话说得好，山外有山，人上有人，强中自有强中手。所以任何时候，你对自己所取得的成绩都不能有自满的态度，应该把范围扩大，寻找比自己更优秀的学习榜样和竞争对手。只有这样，才能不断取得优秀的成绩。

有一点，你应该谨记，给自己找个学习榜样并向他学习、与他竞争，并不是寻找"敌手"，不是为了恶意的挑战，不是为了逞威风。寻找对手是为了树立自己奋斗的目标，学习对方的优点，让自己不断进步。

在生活和学习上给自己找个竞争对手，就是为自己找一个优秀的参照物，不断激励自己，吸取他人的优点，强壮自己、锤炼自己，让自己能够不断地迎接机遇与挑战，并且把其中的经验与教训作为自己不断成长的营养。

给自己寻找榜样，不能盲从他人，要能保持住自己的个性，再在此基础上，向榜样学习其好的一面，这是你必须谨记的。

11. 与老师谈谈心

老师是除了父母以外，对你作用最大的一个人，至少在目前这个阶段是如此，而所有的老师也都是很爱自己的学生的，绝对没有一个老师不希望自己的学生优秀，所以面对自己难解的困扰时，你不妨去找老师谈谈心。

有一个女孩，一生下来就是裂唇，随着年龄的增长，她越来越发觉自己"与众不同"。一跨进校门，同学们就用异样讥讽的眼光看她。她认定自己的模样令人厌恶：一副畸形难看的嘴唇，弯曲的鼻子，倾斜的牙齿，说起话来还结巴。

同学们好奇地问她："你嘴巴怎么会变成这样？"她撒谎说小时候摔了一跤，给地上的碎玻璃割破了嘴巴。她觉得这样说，比告诉他们自己生来就是兔唇要好受点。她越来越肯定：除了家里人以外，不会再有人喜欢她、爱她。

上二年级时，学校新来了一位姓金的老师，刚好教女孩所在的那个班级。金老师微胖，有一双清澈的黑亮的眼睛，很爱笑，一笑起来，露出两个酒窝，温馨可爱。每个孩子都敬慕她，喜欢和她亲近。

这个学校规定，低年级同学每年都要举行"耳语测验"。孩子们依次走到教室的门边，用右手捂着右边耳朵，然后老师在她的讲台上轻轻说一句话，再由那个孩子把话复述出来。

女孩的左耳先天失聪，几乎听不见任何声音，她不愿把这事说出来，因为害怕同学们会更加嘲笑自己。

不过女孩有办法对付这种"耳语测验"。早在幼儿园做游戏时，她就发现没人看你是否真正捂住了耳朵，他们只注意你重复的话对不对。所以每次她都假装用手盖紧耳朵。

这次，和往常一样，女孩又是最后一个。每个孩子都兴高采烈，因为他们的"耳语测验"做得很好。女孩心想，老师会说什么呢？以前，老师们一般总是说"天空是蓝色的"或者"春天真美丽"等等。

终于轮到女孩了，她把左耳对着金老师，同时用右手紧紧捂住了右耳。然后，悄悄把右手抬起一点，这样就足以听清老师的话了。

女孩等待着……

忽然，金老师说了几个字，这几个字仿佛是一束温暖的阳光直射女孩的心田，抚慰了女孩受伤的、脆弱的心灵。

这位微胖、温馨可爱的老师轻轻说道："我希望你是我女儿！"

就是这么简单的几个字，从此这个女孩就像脱胎换骨似的，她变得快乐、自信而且勇敢，在她以后的人生旅途中，这几个字所代表的那种深厚的爱意一直伴随着她走过风风雨雨。

其实，你的老师不也是这样吗？他用好听的声音给你讲述神奇的故事；他对你谆谆教导，引用很多故事只为让你明白一个简单的道理；当你做错事情的时候，他静静地看着你，直到你鼓起勇气承认错误为止；当你在困难面前打退堂鼓的时候，他站在旁边为你加油，眼中写满了鼓励的话语；当你感到自卑的时候，他轻轻地告诉大家，你身上有很多令人羡慕的优点。

老师往往最能理解自己的学生，而且他们所具有的那种伟大的师爱往往可以与母爱相媲美，在学生遇到困难时，与老师谈心往往会受到春风化雨般的效果，老师会详细地告诉你他的想法，他不仅是你的朋友，可以倾听你的心声，还是一个智慧的长者，会给你指点迷津，让你找到全新的自我。

所以说，孩子，多与老师谈谈心吧。那样，你的生活就会少去许多阴霾。

老师不仅是知识的传播者，而且是你学习的最好模范，是对你的心灵成长来说最有用的"阳光"。

第三章
塑造良好品格，女孩应该思考的

品格比天资更重要，它能决定你的人生。而一个人的品格也总是会让别人知道的。品格是一种内在的力量，它无需借助任何手段，也能对你的人生的成败得失直接发挥作用。

1. 明辨是非，分清善恶

"人之初，性本善"这句古话讲的是人生来就是有良心的，只是为后天环境才有了好恶之心，其实，良心这种东西是最主要的还是要靠后天培养。

孩子在幼儿期如果没有受到良好的管教，他们就会缺乏是非观念，不能形成辨别善恶的良知，偷了别人的东西也不觉得羞耻，甚至认为只有蠢蛋才会被偷，是他活该倒霉。

举例来说，一个名叫秋男的孩子，在他差一个星期就可以离开感化院的时候，和一位心理专家谈话。当专家问他在感化院待了一年都学到了什么，有没有好好反省，他的回答竟是："这一年我一直在反省，当初为什么会失手被逮住，结果发现是因为我找了两个笨手笨脚、没见过世面的共犯。这次出去以后，我一定要物色一个靠得住的伙伴。而且今天在A市作案，明天一定要转到B市下手，绝不在同一个地方连续作案。"

这就是他在感化院蹲了一年的收获。

秋男来自一个犯罪家族，父亲有二十多次前科，母亲也有十多次前科，六个哥哥也是前科累累。如果把他送回家，在那样的环境下根本不可能改过自新，所以院方打算让他离开感化院后，住进更好保护会。不料，他只在那儿落了个脚，没几天就溜了，而且从第二天起就伙同"靠得住"

的共犯，在全国各地展开了"巡回盗窃之旅"。

据秋男回忆，在他3岁那年的某个黄昏，他和父亲一起去散步。走着走着，突然发现前方有一只别人掉了的钱包，父亲立刻对他说："去，把钱包捡起来。"秋男移动粗短肥胖的小腿，摇摇晃晃地走向前去，抓起地上的钱包，交给父亲。

很不凑巧，这一幕被路过的警察看到了。警察把他们父子带回警察局，训斥了一个多小时，苦口婆心地对他父亲说："你这个做父亲的应该好好教养孩子才对呀，你没听人家说'3岁看大，7岁看老吗？从小就要好好地教育孩子才对啊！"

回家以后，他父亲转念一想，警察说得一点儿没错，应该从小就好好教孩子。于是，他把秋男叫过来，把自己的皮夹往前一扔，说："来，秋男，你看，那儿掉了一个皮夹。当你在路上看到一个'猎物'时，眼睛千万不要发亮，也不要加快脚步走过去。记住，要若无其事地接近它，不落痕迹地把随身携带的手帕丢在它上面。然后在弯腰捡手帕的时候，顺便把皮夹捡起来，这样才能神不知鬼不觉地把'猎物'弄到手。懂不懂？"

父亲一面说一面表演给秋男看。换句话说，秋男的父母不但没有从小禁止他偷窃，反而认真传授他各种偷窃的绝活，使他的良知没有机会萌芽生长。所以他四处偷窃，从来不觉得内疚，反而乐在其中。

心理专家问秋男，当感化院的老师对他说，不应该偷别人的东西时，他有什么感想？

秋男老老实实地回答专家："我觉得他们好像是张着嘴在吐气的金鱼，说了一堆我从来没有听过的神话。"

秋男现在仍然像钟摆一样，在监狱内外来回摆荡，有前科次数早已突破二位数了。

3岁时的教养，就这样毁掉了孩子的一生。这是一件多么可怕的事情啊！

这个故事的教训与警示意义,是非常深刻的。

秋男的良心,早让父亲教给他的那套东西给腐蚀掉了。因此,在他的心目中,从来就没有真正的是非、善恶、美丑的观念,以至于长大后的言行举止,就不能让我们感到奇怪了。也许让我们奇怪的是,世上竟还有这样的父亲,为了一点点钱财,用自己的行动,毁掉了孩子的一生。

从小时候你就要培养明辨是非的能力,千万不能为一时的利益驱使,分不清善与恶的关系,那么你的一生便可能因此而毁。

2. 做宽容、善良、博爱之人

纵观古今中外,凡是具有一颗仁慈宽厚的心灵,有一颗博爱之心的人都是对人类社会的发展起着巨大作用的人,他们能用自己的宽容、善良、博爱容纳一切。

一个让我们不得不接受的现实是:这个社会已经越来越不容易让人们"诗意的栖居"了。社会发展得越来越快,而竞争也逐渐趋于白热化,就像很多人所说的,生活本身就是一场战斗。如果不能经受住生活的考验,那必然会被淘汰。但是,你必须学着去适应这样的生活。既然我们没有足够的力量去改变生活,改变社会,那么,我们就必须改变自己来适应这个社会。"物竞天择,适者生存。"要适应社会生活,要在这个激烈竞争的社会上取得成功，做一个优秀的女孩，最重要的就是要有一个良好的心态。从人生的角度讲，你最应该做到的就是宽容、善良、博爱。

首先，女孩应该学会宽容。每个人都是独立存在、与众不同的个体。生活中与我们相处之人往往都有自己做人做事的原则和方法。而大多数人都容易犯主观主义的错误，都拿自己的标准或原则去衡量他人，当别人的行为与自己的标准原则发生了冲突时，他们就武断的以为是对方的错误，因而盲目的批评指责，甚至怨恨在心，伺机报复。其实，这是一种非常狭隘的做人心态。哲学家罗素曾经说过："青年时期是豁达的时期，应该充分利用这个时期培养自己豁达的性格。"宽容是一种伟大的胸怀、洒脱的态度，也是人性中最高尚的境界之一。宽容的人能够理解和尊重别人的不同看法、思想言论和行为，宽容的人能够尊重别人的宗教信仰和种族观念，即使这些观念、行为、思想与自己的信仰相冲突，他们也会对此有一个客观、冷静的态度，绝不会把自己的观点强加给别人。

英国著名文学家《格列佛游记》的作者斯夫特有一个非常好的品性，就是他能同一些被常人认为孤僻难处的人交朋友。有些人不解地问他，说："我真搞不懂，你怎么能够忍受那些奇怪、孤僻的人呢？他们的行为言谈与我们格格不入。"斯威夫特回答说："他们的本性和我们是一样的，只是生活细节上难以一致罢了。但是我们为什么非要在显微镜下去观察那些细枝末节呢？难道一个不喜欢笑的人，他们的过错就比一个受人欢迎的吹牛者更大吗？只要他们是正直善良的人，我们就不必如此苛求那些细枝末节了。"其实每个人都不是完美的，优点与缺点共存，美丽与丑陋共在。所以，在人际交往中，你要善于去看别人好的一面，学会宽容，因为你自身也并不是完美无缺的，不是嘛，在你指责别人的错误和缺点时，别人不同样可以指责你吗？

其次女孩应该善良。这个世界是一个千变万化、奇妙无穷的世界，但你需要记住的是：善良并不只是一种态度，也不只藏在心底，最重要的还是要能将善良付于行动功,你应该谨记:用善良去对待他人,那么,你所收获也必然是别人的善良。

最后,女孩还应该有爱心,能做到博爱。"仁慈与博爱的业绩万古长存。"在人类所有的力量中,爱的力量最伟大。人类因为有了伟大的爱而变得更加神圣。爱不仅包括亲情之爱、爱情之爱、友情之爱,还有其他许多重要的方面。爱一切人,一切物,包括你的敌人,这就是博爱。博爱可以让令人恐惧的地狱成为天堂。我们都在渴望着我们生存的这个世界更加美丽,而如果大家都有一颗博爱的心,都用爱心去呵护这个世界,那么我们生存的这个星球就是一个天堂。

博爱不仅是人类社会所要求我们每一个人应该具有的一种做人态度,也是让自己的人生快乐幸福的一大原则。只有博爱的人,才能胸襟开阔,才能真正做到待人热情、友善、乐于助人,才能在人际交往中永远处于优势地位。无私的爱与奉献是人类存在和世界美好的基础。人要有一个正确的大方向,有爱的支持,没有什么是做不到的。

宽容、善良、博爱是你人生最应该具备的三种品性,拥有了它们,你就一定会是一个快乐的人,成功的人。

3. 讲诚信，不要欺骗别人

诚信是做人的最大美德，是人最宝贵的财富，诚信待人才能为人所信服。

在一所小学发生过这样一件事：

一位女同学在校园里拾到一只手表，便藏在书包里，准备带回家。陈花老师发现后，跟这位同学讲道理。没想到，这位同学竟振振有词地说："我妈妈说过，捡到的东西就是自己的。"想到这位同学平时就有小偷小摸的行为，陈老师意识到，问题出在父母身上。于是，她特地约来孩子的父母，对他们说："父母是孩子的第一任老师，平时的一言一行都应注意，要注意培养孩子诚实守信的好品质，不能让孩子养成贪图小利的习惯。"

老师的一番话说完，夫妇俩没什么反应。可当陈老师讲到孩子最近学习不太好时，父亲马上情绪激动起来："小孩子小偷小摸不算什么，长大了会改的；但学习不好可不行。基础打不好，将来要吃大亏的。陈老师，你可得帮我抓紧点儿！"

听了这位爸爸的话，陈老师心里十分震惊：这对家长明显地只重视孩子的学习，忽视了最重要的——教育孩子如何做人。必须及时扭转他们的这种错误观念，否则很难说孩子的一生不会断送在他们的手里！

陈老师严肃地谈了自己的观点：学习问题是很重要，我们应当重视；但教育孩子做一个堂堂正正的人更重要。接着，陈老师把《扬子晚报》上一篇题为《"好学生"蜕变谁之过》的报道介绍给这一对父母。看了报道后，夫妇俩深有感触。孩子的母亲说："我看这个男孩走到杀人、抢劫、放火、盗窃这一步，主要是父母只注重他的学习，对他的小偷小摸没有重视造成的。"父亲也说："想不到小偷小摸的后果这么严重。"

在陈老师的帮助下，夫妇俩认识到了问题的严重性，可又不知道如何教育孩子。

陈老师耐心地说："小孩子犯错误在所难免，关键要看家长、老师能不能正确地引导。只要我们好好配合，让孩子改正缺点应该是没有问题的。"

接着，陈老师提出几点建议：①孩子眼里无小事，家长时时事事都要做孩子的表率；②孩子自尊心比较强，要让她知道，把别人的东西占为己有的行为是可耻的，要让她对此产生羞耻感；③多给她讲一些真实的例子，让她知道这样做的严重后果；④鼓励孩子多为别人着想；⑤孩子有了进步，要及时表扬，让她有信心改正缺点。

夫妇俩心悦诚服地接受了老师的建议，并说服女儿把手表还给了失主。陈老师还在班里对这位同学知错就改的行为给予了表扬。

后来，这位同学的父母经常与老师联系，探讨辅导孩子的好办法，这个同学有了很大的进步。

像陈花老师这样以人为本，既教育孩子又教育大人的做法，实在值得大大提倡。

"明礼诚信"是基本的道德规范。自古以来，中外父母都很重视对孩子进行诚信的教育。

有一个国王要选一个继承王位的人，他发给每个孩子一粒花种，并承诺说谁能种出最美丽的花，就选谁当国王。

评选时间到了，绝大多数的孩子都端着漂亮的鲜花前来参选，只有一个男孩端的花盆空无一物。最后，他被选中了。因为，孩子们得到的花种其实都已被煮过，根本不可能发芽。

这次测试不是为了发现最好的花匠，而是要选出最诚实的孩子！

欺骗是走入歧途的最大诱因，它会让你成为一个纯粹的利己主义者，也会让你不愿去面对一切的真实，所以做人一定不要欺骗别人，要讲究诚信。

4. 摆脱虚荣心，不要与别的孩子攀比

爱好虚荣的人往往不是以现实为基础去做人，而是片面地去追求个人的荣耀，去满足个人一时的欲望，它让人越来越远的偏离现实。

虚荣心是一种最不切实际的东西，虚荣心强的人不管自身情况如何，总是想方设法地凌驾于他人之上，并逐渐地迷失自己，在虚荣心不能满足的情况下甚至铤而走险，走向犯罪的道路。

据有关调查表明，独生子女的虚荣心较强，在被调查的独生子女中有20%存在较强的虚荣心。虚荣心往往会导致孩子产生其他心理问题，如嫉妒、自卑、敏感，这些都会阻碍孩子的发展。

据报载，浙江南京市曾发生过一起重大的盗窃案，作案者是两位中学生。他们为了追求物质享受，与别的同学攀比，在虚荣心的驱使下，盗窃了一居民家中的5.2万元钱，然后乘船去上海，在短短的4天之内，挥霍掉了所有的钱，平均每分钟花钱60元。他们购买最贵的衣服，到最高级的饭店吃饭，住最豪华的旅店，并且专门租了一辆车带他们四处享乐，真是奢侈之极。

这个案件中的王涛生活在农村，自幼丧父，靠母亲一个人干活养家。虽然家庭条件不好，但妈妈从来不让王涛在吃穿上受委屈，凡是别的孩子有的，王涛都会有。她觉得孩子已经缺少了父爱，如果在物质上再比别人差，那就太可怜了。所以妈妈平时总是省吃俭用，而对王涛提出的要求从不拒绝。王涛在小伙伴中间算是很气派的一个，他感到很满足。从小学到初中，王涛的学习成绩一直很好，在妈妈和老师眼里，王涛是一个好孩子。

但是自从上了省城的高中，情况发生了很大的变化。高中的同学和他以前的同学家庭条件不一样。现在的同学他们的父母都是高收入者，花钱如流水，穿的都是名牌，用的都是精品。相比之下，王涛显得非常寒酸，以前的优越感再也没有了。王涛的心里产生了严重失衡，他不甘心落于人后。于是他每次回家都向妈妈要很多钱，和同学们比吃比穿来满足他的虚荣心。起初妈妈还大方地给他，但后来妈妈实在承受不了，好几次都拒绝了他。王涛见妈妈这个经济来源断了之后，就动了邪念："别人有的我为什么不能有，这不公平"。在这种想法的驱使下，王涛开始偷同学的钱，几次偷盗都没被发现，这更增加了他的侥幸心理。在金钱的诱惑之下，他越陷越深，最后伙同另一少年作案，被公安机关抓获，受到了法律的制裁。

王涛事件发人深省，他为什么会从一个听话的孩子变成一名罪犯呢？仔细分析一下，主要是虚荣心在作祟。虚荣心是一种表面上追求荣耀的自我意识。具有虚荣心的人，习惯用扭曲的方式表现自尊心和荣誉感，追求表面上的好看和形式上的光彩，面子高于一切，不顾条件和现实去追求虚假的声誉。

孩子虚荣心形成的原因主要来自家庭。由于现代的家庭孩子少，父母总怕孩子受委屈，于是对孩子总是有求必应。自己孩子穿的、戴的都不能比别人差，别人的孩子买什么咱家的孩子也得买，决不能让人家比下。于是在家长无意识的纵容下，孩子的欲望无限地膨胀。另外，独生子女的父母从溺爱孩子出发，总是爱讲孩子的优点，掩盖他们的缺点，甚至在亲朋好友面前常常夸耀自己的孩子，孩子听到的都是赞美的声音，很少有人指出他的缺点，而父母对别的孩子往往妄加指责。由于孩子对自己客观评价的能力还很差，家长具有绝对权威性，慢慢地孩子就从家长眼里的"十全十美"变成自己心中的"十全十美"，再也容忍不了别人超过自己。

虚荣心强的孩子在个性成长中，常常会出现各种问题，如为了满足其虚荣心而常常说谎，情绪不稳定，不认真学习，缺乏意志力等。虚荣心强对孩子来说无疑是一种可怕的坏习惯。家长应采取必要的方法加以纠正。

家长应以身作则，不要同别人攀比，以免孩子模仿。父母是孩子的第一任老师，他们的一言一行都会影响孩子。所以，父母必须以身作则，为孩子树立榜样。首先家长要摆正自己的心态，不要同别人攀比，盲目追求物质享受。家长也不要总是给孩子买东西，习惯性地给孩子买各种礼物，因为如果形成习惯，孩子就会感觉他得到这些礼物是应该的，而且需要你不断给他买，他的虚荣心就会不断膨胀。

家长要注意孩子心态的变化，多给孩子讲道理。有的家长为了孩子不受委屈往往满足孩子的要求，还有的家长对孩子则采用先吼后打的办法。其实，最好的办法是多给孩子讲道理。告诉孩子，与别人攀比，拥有名牌并不意味着拥有了较高的地位，只有依靠自己的努力取得成功，才能获得别人的尊重。教孩子根据自己的需要买东西，而不要为了同别人攀比，买自己不需要的东西；让孩子学会理性消费；可以把家中的收入支出讲给孩子听。

家长要创造机会，让孩子通过自己的劳动获得想要的东西。如果孩子的要求是合理的，那么家长可以为孩子创造一些机会，让孩子靠自己的劳动挣来的钱购买所需要的东西。如让孩子做一些力所能及的事，分担一些家务，然后从中取得回报。一分劳动一分收获，一滴汗水一点回报，让孩子知道仅靠不停地向家长张口要这要那，不仅不光彩，而且行不通。

家长要客观地评价自己的孩子。作为家长不应该过分夸大孩子的优点，也不要掩盖孩子的缺点。对那些符合道德规范的行为，家长应给予表扬，但应适度。因为经常性的表扬会使孩子认为这些并不是他应该做的，一旦这样做了，便能得到奖励。久而久之，孩子便养成了虚荣的坏习惯，而且越来越严重。对于孩子的缺点要及时指出，帮助分析原因，并鼓励其渐渐克服。

做人处世千万不能在物质上与别人比高低，不要陷入爱慕虚荣的泥潭，要能正视自己的实际情况，将更多的注意力转向到学习上，在成绩上与他人比高低，这样才会得到一种真正的满足感和成就感。

5. 勤俭是你累积成功的资本

每个人从刚生下来开始，都不会有勤奋的习惯，相反，还会有些好逸恶劳，只有在有坚定的抱负和信念的人们身上勤奋才能够养成，它是人们对付失败的最好方法。

勤奋是通向成功的捷径，也是累积成功的资本，一个优秀的女孩子肯定是一个勤奋的人。每个人的时间都是有限的，对女孩子来说更是如此，所以你必须珍惜你的宝贵时间，勤奋地去做你想做的事。而且做事时一定要提高效率，这样才会事半功倍，把别人两个小时才能做完的工作用一小时做完，而剩下的一小时你可以做更多的事情，当然你也可以享受生活。许多人不能正确地使自己的每一天都朝着正确的方向前进，有些人的问题是积极性不高，有些人的问题是走错了方向，有些人的问题是对自己要求不严格，另外一些人的问题仅仅是一种积习，这种积习使他们躺下而不是向前行进。还有一些人对自己应该做什么，什么时候去做，怎么去做完全不知所以然。

而勤奋的习惯最应该在年轻的时候养成。最成功的商人约翰·多恩说："我自己小时，在当学徒的七年当中，在老板的教导之下，不得不勤勉学艺，也不知不觉地养成了勤勉的习性。所以在他人视为辛苦困难的工作，而我自己却不觉得辛苦，甚至有人安慰我说'太辛苦了'，我却反觉得很快乐。换个立场说，我觉得快乐的事情，由旁人看来，只不过是认真工作而已，所以我与他人的看法，自然会存在差异了。"

女孩子在年纪尚小时，就应该养成勤奋努力的好习惯，否则，你的青春期将会是一片空白。

其实，在现实中，人们对于勤奋的人，并不视其为尊贵或伟大，也不认为他们会有多么大的价值。而这就愈发显示出了勤奋的可贵。

成功最大的敌人往往就是拖拉与懒惰。如果你不能按你自己的时间要求完成你想做的事，那么，你就很难获得成功。许多人在意识到时间不够而无法完成他计划中的事情时，干脆把整天时间一笔勾销，什么都不干。这种情况最容易滋生出懒惰的情绪，而解决的办法就是养成及早开始，有了想法就马上付诸行动的习惯。拖拉的人要花许多时间思考要做的事，担心这个那个，找借口推迟行动，又为没有完成任务而悔恨。在这段时间里，其实你本可以完成任务而转入下一个工作了。许多人的拖拉已经成了习惯。对于这些人，要完成一项任务的一切理由都不足以使他们放弃这个消极的工作模式。如果你有这个毛病，你就要重新训练自己，用好习惯来取代拖拉的坏习惯。每当你发现自己又有拖拉的倾向时，静下心来想一想，确定你的行动方向，然后再给自己提一个问题"我最快能在什么时候完成这个任务？"最后定一个期限，然后全力以赴地去完成。渐渐地，你的学习模式就会发生变化。

每个人的精力和时间都是有限的，所以你一定要让自己的每一分钟，每一天都得到充分的利用，千万不能有丝毫的浪费。

有一个人从一无所有变成一个全城最富有的人，许多人就去找他询问致富的方法，富翁说："假如你有一个篮子，每天早晨在篮子里放进10个鸡蛋，每天晚上再从篮子里拿出9个鸡蛋，最后将会出现什么情况呢？""总有一天，篮子会满起来，"有人回答，"因为每天放进篮子里的鸡蛋比拿出来的多一个。"富翁笑着说："致富的原则就是在你放进钱包里的10个硬币中,最多只能用掉9个。"这个故事要说的是:除非养成节俭的习惯,否则你永远不会积聚财富。一元钱对你来说可能微不足道,但是它却是财富得以生长的种子。如果我们要享受鲜花的芬芳,吃上新鲜的蔬菜,我们就必须播种,把种子播种在肥沃的土壤里,小心地呵护。除非你足够的幸运,或许可以栽上一株就要开放的花,否则,你就必须去播种才会有收获。如果一个人能够节俭地利用自己的收入,尽量减小开支,不支付不必要的消费,那么几乎所有人都能够自给自足。勤奋离不开节俭,所以会有勤俭之说,但世人往往很难做到节约,许多人甘愿勤奋地工作,但却不能把那些自己辛苦赚来的钱省下来,这样在真正要用的时候,往往捉襟见肘,这样的人也不能称得上勤奋。

多一些努力,便多一些成功的机会。孩子,要想获得成功,你就必须懂得勤俭的道理。苍天不负有心人,天道酬勤。

6. 把宁静与和谐带入心灵

一个人最大的痛苦只可能是来自他的心灵。而心灵的和谐与宁静正是消除所有烦恼与痛苦的"灵丹妙药"。

社会的发展已经让这个世界变得越来越纷繁复杂,我们很难再找到一个可以让自己安静独处的地方了。我们每天都处于喧嚣的人群之中,在这种喧嚣声中我们听不到自己的脚步声和心跳声。我们总是被家人、朋友、同事围绕着，各种关系就像一张密不透风的网罩在头上。我们的耳边充斥着噪音。生存不易所以我们又不得不忍受着繁忙的工作、家庭琐事的无穷折磨。在这样的环境下，生活太久，无论是谁都会感到烦躁，但我们无处躲藏，只有用物质上的刺激来暂时麻痹精神上的痛苦。

你现在年纪还小，感受或许不会这么复杂与痛苦，但各种各样的压力你同样也会具有，而你幼小的心灵很可能承受不了这么多，如果有这样的时候，你就应该好好地找一段完全属于自己的时间，让自己的心静下来，好好的倾听自己心灵上的声音。

寻求心灵的宁静与和谐并不是每个人都能够做到的事。有很多人认为阅读文学、哲学或历史方面的书籍，会有助于保持心灵的宁静与和谐。但事实上，这只会在阅读过程中给你带来些和谐与宁静。许多著名的作家、诗人都焦躁不安、悲惨痛苦，常因自己的工作而疯狂或自杀，而且创作本身就需要激情，这就要求你在阅读这些书籍时同样付出巨大的激情，但我们在阅读时，往往是抽离在外的，那又怎么能奢望在阅读这些书籍时获得心灵的永久和谐宁静呢？歌德笔下的浮士德是不安的当代人的原型。他努力钻研，精通科学、哲学、数学，但我们也知道，这位痛苦的悲剧英雄，竟然与邪恶力量订下了契约，以寻求生命满足。还有很多认为，听音乐也会让心灵得到安慰，但这同样不过是一时间产生作用的东西，只能暂时安慰我们。在我们内心世界紧张狂乱得难以承受时，音乐可以麻痹我们的灵魂，让我们的精神得以平息，这同样不会长久。

书籍和音乐不能给我们心灵带来永久的和谐宁静，而这种和谐与宁静又是我们人生中最根本、最重要、最永恒的事情，那我们到底应该怎样去追求它呢？这就必须要得从你的内心去探索，从自身出发。但实际上，真正的转向自我，审视自己的内心世界并不容易，这是一个非常痛苦的过程。精神上的反省是自我认识的第一步，在孤独的境界，灵魂进入沉思状态,内在的自我交流和反省将会带来精神上的巨大提升。

有了这种自我的心灵交流,你不仅不会再感到生活的烦恼,还会以一个宁静的心态去面对世界上的一切喧闹。许多人之所以过着一种忧郁、烦躁的生活,其原因之一就是缺乏这种心灵交流,不能从那些忧郁与烦躁中解脱出来。

一辈子无所成就、庸庸碌碌的人当中,其实有不少人能力很强,但他们总是被环境所扰,整日烦躁不安,处于心态失调的状态,因而他们无法有效地开展工作。只要有一个人能帮他们掌舵,能帮他们作计划,能帮他们将混乱和失调拒之门外,只要有人能帮他们保持宁静与和谐,那他们也能干出非凡的事业来。可是,事实上只有他们自己才能帮自己,只有他们自己能解脱自己,超越自己。但他们不懂得与自己的心灵交流,所以他们不会成功。

而真正能取得非凡成就,又能永葆心灵和谐宁静的人,都是能与自己的心灵进行了诚恳的面对面的交流的人。

让你的心灵保持宁静与和谐,你就能坦然地面对一切艰难困苦。

7. 从逆境中突围

逆境能给人宝贵的磨炼机会。只有经得起逆境的考验，能从逆境中突围的人，才能算是真正的强者。

每个母亲都有一个希望和一种担忧，既希望女儿一生平安、一帆风顺，却又担忧，女儿在成长的过程一直一帆风顺未曾遭受任何挫折，没有在逆境中奋斗的经验。所以总害怕女儿有一天不能承受突然而来的挫折。而你的母亲也不例外，所以你应该掌握作为一个优秀女孩如何从逆境中重新振作的秘诀。有许多人之所以伟大是因为他们都经历了磨难，能从最困难的境地里走出来。同样，也有很多人虽然有成为一位优秀人物的潜能，但他却没有经历过在逆境中奋斗，因此没有激发出隐藏在他们体内的潜能，所以他们最终没有成功。

在逆境中勇敢奋斗，持之以恒地付出努力，你就很容易获得成功。假使世人都是一生之中不为生活需要而被迫着去做工，人类文明恐怕还将处在很幼稚的阶段。翻开历史，可以知道多数在各个领域有所成就的人，在早年往往是贫苦的孩子。要把逆境当成我们的朋友、恩人，而不是敌人。能力是抗拒困难的结果，而成功也都要你从困难的角斗中才能产生出来。一个生活在奢侈之中的女孩，最容易成为缺乏生存能力而依附于别人的人，自小被溺爱惯了的女生，是很难具有大本领的。富家子弟与他人相比，往往会像林中的一棵弱树苗同一棵每一寸树干的长大都要饱受暴风骤雨吹打的高大的松树相比一样。有许多著名的作家，在刚踏上写作道路的时候，都遭到过出版社退稿的打击。但正是这无数次的退稿才造就了他们以后的显赫名声，因为这种挫折使他们激发出了全部的创作潜能。

命运永远是最公平的，给了你困难，也必然会给你克服困难的能力。但关键在于你只看到了眼前的困难，而没注意到身体内的巨大能量。挫折、失败，不是永远不可超越的障碍，它是人们奋发向上的刺激品，足以锻炼人们的身心，使人们更加坚毅，更加顽强。钻石越硬，它的光彩就越夺目，要将光彩显现出来所需的摩擦也越多，只有摩擦才能使钻石显示出它全部的美丽。

西班牙伟大的作家塞万提斯在写作他的《唐·吉诃德》时，正是在他被囚禁在马德里狱中的时候。那时他贫困不堪，甚至没钱买纸，在将要完稿时，他不得不把皮革当做纸张。有人劝一位富裕的西班牙人去接济他，但那人回答："老天不允许我去接济他，因为唯有他的贫困，才能使得世界丰富。"

犹太人是这个世界上最苦难的民族，有史记载以来，它们一直就受着"压迫"，颠沛流离，到处流浪，然而犹太族却创造出了许多可贵的诗歌、巧妙的谚语、华美的音乐。对于他们，"迫害"仿佛总是和"幸福"携手而来。而犹太人也是这个世界上最富有的人，有许多国家的经济命脉差不多就操纵在犹太人手里。对于他们，"困苦就像春天的早晨，虽带霜寒，但已有暖意。天气虽然寒冷，也足以杀掉土壤中的害虫，并且仍能容许植物生长！"

贝多芬在两耳失聪、生活最为悲痛的时刻，完成了最伟大的乐章；席勒为病魔缠扰了15年，而他最有价值的著作也就是在这个时期写成的。

勇者无惧，在面临逆境与挫折之时，你越是坚定，越是勇敢，你就能蔑视任何危险，嘲笑所有障碍。

孩子，千万不要因厄运而一蹶不振。要想真正地成就一番事业，做一个成功的人，你就要学会在黑暗中找到光亮，在逆境中找到方向，时时认准自己的前进目标。

8. 随时做自我反省

正因为人类是地球的主宰者，所以许多人就养成了以自我为中心的弊病，而世界的灾难也正是由此造成的。如果我们每个人都能站在他人的角度来反省自己，那么，这个社会就会美好得多。

金无足赤，人无完人。人活在世上，谁都难免有这样或那样的缺点和错误，谁都难免有丑陋的一面。就连牛顿这位大学者都宣称，他的错误占90%，那么我们普通人身上的错误就更不用说了。

所以说，你一定要经常跳出自身反省自己，取出自己的心，一再地检视它，这样才能真正了解自己。古今许多伟大人物，就是通过反省来战胜自己内在的敌人，打扫自己灵魂深处的污垢尘埃，减轻精神痛苦，从而净化自己的精神境界。

18世纪法国伟大的思想家、文学家卢梭，在他年轻时，曾经将自己的极其龌龊的盗窃行为转嫁到一个女仆的身上，结果让这位少女蒙冤受屈，最终被人解雇。后来这件"极不光彩"的行为，让他的一生都深深地陷入了痛苦的记忆中。他说:"在我苦恼得睡不着的时候,便看到这个可怜的姑娘前来谴责我的罪行,好像这个罪行是昨天才犯的。"

后来,卢梭在他的著作《忏悔录》中,对自己作了深刻而严肃的批判。他以莫大的勇气把这件"难以启齿"而抱恨终生的丑事告诉了世人,这无疑显示了他勇于忏悔的坦荡胸怀和不同凡响的伟大人格。

一般来说,能够时时反省自己的人,是非常了解自己的人。他们会时时考虑:我到底有多少力量?我的缺点在哪里?我有没有做错什么?……这样一来,他们能够轻而易举地找出自己的优点和缺点,为以后的行动打下基础。

那么,你如何去反省自己呢?比较就是一个比较好的反省方法,比较可以带来进步,但比较前要先了解自己的个性,自己的优势与缺陷,从而认清自我,发挥潜力。否则,比较之后只是一味地模仿别人,最后也只能落得个"循规蹈矩"的虚名而已。

每个人在出生时都是独一无二、珍贵无比的"宝物"。但是日复一日,年复一年,人们的眼睛开始蒙尘,同时心灵也堆满了尘埃。而你要想避免这种境况,就每天给自己一段反省的时间,对自己的所作所为做一次大清扫,扫除心灵上的污垢,减轻思想上的痛苦。

时刻不忘反省自己,你就能打开人生的智慧之门,进入人生的最高境界。

9. 养成乐观的生活态度

真正伟大的、能取得成功的人，往往都是充满希望、乐观着生活的。无论他遇到什么情况，脸上总是带着微笑，心平气和地接受人生的挫折和变故。这就是乐观的生活态度。

乐观对人就像太阳对植物一样重要，它会像太阳般温暖我们的心灵，帮助我们构筑美好的生命。我们的心灵能在这种阳光的照射下茁壮成长，正如花草树木在太阳的照射下茁壮成长一样。

而那些总为阴沉黑暗所蒙蔽心灵的人，那些总是以为自己可能遭受挫折和失败的人，那些只看到生命中丑恶肮脏和令人不快的一面的人，他们的生命必然不会美好。他们会使自己一步一步接近他们看到和他们期待与担心的那些东西。

一群因地震被埋在废墟下的人们，各人的心态决定了他们是否能在困境中顽强地生存下去。那些将困境视为绝境的人因意志崩溃而导致体内能量系统不能有效地工作，身体各个机能逐渐丧失。在缺少水和食物的情况下，这将是把他们迅速推向死亡的死神之手。而那些意志坚强、坚信光明终究到来的人，体内会制造出永不枯竭的生命能量，帮助他们渡过难关。这就是乐观给人们提供的力量，它大到足以支撑整个生命。

所谓的成功，其实在于追求成功的过程，而不是结果。而乐观是个人信心的表现。凡事有利就有弊，乐观的人就会重视利，忽略弊，这样人生就会轻松很多。一个瓶子中装了半瓶水，乐观的人会说，太好了，瓶子里还有一半的水呢；而悲观的人则说，太糟糕了，只有半瓶水了。人的一生基本上都只有相对的成功，就如同瓶子中装了半瓶水，就看你怎么看了。

具有乐观精神的人，即使身陷困境，也会对未来充满信心和希望。而他们之所以能摆脱困境，靠的就是乐观的精神，在乐观精神的感召下不断努力拼搏。没有乐观精神，处于困境的企业就无法重新振作；没有乐观精神，怀才不遇的人一生则只会抱怨，而失去任何施展才华的机会。有些人被挫折与困难击垮，就是由于缺乏乐观精神。

乐观还是悲观或许是天生的，但只要肯努力练习，悲观的人也能学会乐观的思考。心理学家的研究证明，如果你一发现自己有消极、自暴自弃的思想就把它控制住，你便能重新来判断情况，觉得还不至于太糟糕。你所能遇到的困难和挫折其实都是可以解决的，而其解决与否靠的就是你能否在郁闷中保持相当的乐观，始终保持强而有力的生命目的。

人生最大的苦恼，不在于自己拥有的太少，而在于自己想要的太多。欲望不是坏事，但如果为欲望所驱使，想得到太多，而自己的能力又不能达到时，你就会构成长久的失望与不满。一个人的欲望越小，人生就会越幸福。有一个人想得到一块土地，智者就对他说，从明天早晨开始，你从这里往外跑，跑一段插个旗杆，只要你在太阳落山之前赶回来，插上旗杆的地都归你。第二天，天还没有亮，那个人就拼命地跑，太阳偏西了还不知足。太阳落山前，他还是跑了回来，但已经精疲力竭了，摔个跟头就再也没有起来。于是有人就挖了个坑，把他埋了。牧师在给这个人做祈祷的时候说："一个人要多少土地呢？就这么大。"

人心不足蛇吞象，贪婪的人越是想得到的太多，反而把自己的所有一切都失去掉。其实，我们每一个人所拥有的财物，无论是房子、车子、金钱……无论是有形的，还是无形的，没有一样是真正属于我们自己的，这些东西只是暂时归属于我们而已，真正乐观的人都会把这些物质上的财富视为身外之物。

有些东西,既然得不到你就没必要为之苦恼与忧虑。把一切看得平淡一些,看得轻松些,不要期望太高,也不要过分地苛求自己,让乐观、豁达的生活态度永远留在心里。多想一想会令自己愉快的事,无论是过去的还是未来的,那么至少你现在会是快乐的,不要对未来烦恼或忧虑。多想想美好的事情,你会在不知不觉中实现它们。如此一来,你就养成了乐观的习惯。

当然,乐观不是听天由命,不是说什么车到山前必有路。乐观是一种坚定的信念,它能让你具有前瞻性的远见,根据合理的判断,做出适当的决定,使每一件事情都能变水到渠成。

成为乐观的人吧!在面对未来之时,理智地评估与分析可能会出现的情况,然后坚决地去执行你的计划,那么你的命运就永远会掌握在你的手中,你必定会无所畏惧。

10. 要能保持理智

当你面对紧急情况和恼人的麻烦事时,你一定要能保持头脑的清醒,思路的清晰和判断的明智。一旦你觉得恐惧、忧虑时,绝不要决定任何重大事情,你应立即中断这种状态,控制住自己的情绪,让它转向相反思想上,让自己的心态始终保持理智。

你的情绪只是一种心理状态,它并不是不可把握的,只是看你愿不愿意,能不能把握得住。受自己情绪支配的人不是真正自由的人,只有当你成为情绪的主人时你才是自由的。更何况，人类作为万物之灵，宇宙的精华，生来就注定是要成为自己和环境的主人的。人是一种具有思维和感情的动物，所以每个人都有情绪的波动，这也是人和其他动物的不同之处。不过，现实生活中有的人自制能力很强，能很好地控制自己的情绪，喜怒不形于色；而有的人则不能很好地控制自己的情绪。

不能控制自己的情绪，随性而动的人，可能被人称为性情中人，认为其可爱、率直。因为这种人通常没有心机，别人容易了解，不会伤害到别人。然而，另一方面，我们要认识到有很多场合是不容许我们随便发泄情绪的。因为我们每个人都有情绪，如果谁都可以不分场合地任意发泄，那就会乱成一团了。所以，控制自己的情绪便成了一种最难得的美德。

一个人要保持良好的生活状态，就必须有高昂的情绪和健康乐观的思想。消极错误的思想会破坏一个人精神和体力的和谐。而在所有需要控制的情绪中，最需要克制的便是愤怒。因为愤怒会使人失去理智思考的机会。在许多场合，因为不可抑制的愤怒，使人失去了解决问题和冲突的良好机会。而且，一时冲动的愤怒，可能意味着事过之后得付出高昂的代价。在生活中，愤怒导致的损失往往可能是无法弥补的。你可能从此失去了一个朋友，失去了一批客户，失去了一份工作，甚至失去了婚姻。

愤怒时最严重的后果是，在这种愤怒情绪的支配下，往往不会考虑到别人的尊严，并且可能严重地伤害别人的自尊心。损害他人的物质利益也许并不会让人计较，但是损害他人的感情和自尊心却无异于自绝后路，自找苦吃。

如果你在开车时，碰到别人从你身边擦身而过，呼啸一声，使你大吃一惊，你是否会破口大骂呢？事实上有很多人会因此大发脾气，甚至有些人在座公车时，因为被别人抢占了座位而愤愤不平，恼恨不已，甚至为此不高兴一天，却不知，对方可能早已高高兴兴地去参加聚会去了。所以说面对让你恼怒的事，要先看看这件事值不值得你大发脾气，生活中很少有

妈妈讲给女儿的悄悄话

关系十分重大的事，大都是些琐碎的小事，所以很多时候，你都可以一笑了之。

孩子，当你觉得自己的情绪趋于愤怒时，首先应该想想这种愤怒一旦爆发出来会产生什么样的影响，如果你知道发怒既会伤害他人，又无助于自己时，那么最好还是约束一下你自己，无论这种自制是多么困难。当然，谁都不可能永远不发怒，而是说发怒应该考虑到时机和场合，毕竟人是社会性的动物，你不是为你一个人的存在而存在的。

当然，总是克制怒气，一直闷在心底也是不益于身心健康的，适当地让怒气得以发泄是很有必要的，因为太长时间受情绪的压迫，一旦放松的时候，便会酿成最激烈的爆发。愤怒如果运用得当，有时还会收到意想不到的效果。有些杰出人物，之所以能驾驭属下战胜一切阻碍其发展的力量，靠的就是他们那种愤怒的脾气的帮助。不过他们这种发怒是源于一种成就事业的必要。

所以孩子当你想要发怒时，记住这样一个原则：如果你认为为之而怒的事是非常有价值的，那就不要压抑，就让愤怒理智地宣泄吧，因为压抑太久反而增加紧张，会令人受不了的。

　　控制自己的情绪是一种非常可贵的美德，学会自制的人才能控制别人，冷静的人是永远的胜利者。保持理智，控制自己的情绪，冷静沉着的应对一切，那么，成功就离你不远了。

第四章
培养正确学习习惯，女孩应该关注的

只有通过不断的学习，你才可能知道很多。你知道得越多，你就越有力量。而要想将学习坚持下去，学得更有成效，那就离不开对好的学习习惯的培养，这种习惯一旦养成，你的学习就会轻而易举，自然而然地取得成效。

1. 知识就是力量

如果你想进步，就必须要有知识。我们需要知识，就像需要空气一样。

在聪明的犹太人家庭里，负责启蒙教育的父母都会问孩子这样一个问题"一旦有一天你的房子被烧掉了，你的财产被敌人掠夺了，那么你剩下的还有什么宝贵的东西？"当孩子不能给出正确的答案时，他们会进一步追问："有一种没有形状、没有颜色、没有气味的东西，它就是你要带走的东西，你知道是什么吗？""大概是水吧！"孩子们不太肯定地回答。"它和水很像，都是人类维持生命所必需的东西，它就是知识。"父母们很严肃地说，"而且你一旦获得了某种知识，任何人都抢不走的，只要你还活着，这宝贵的财富就会永远跟随着你。"犹太人在历史上经历了太多的苦难，但这个种族依然顽强地生存到现在，并且产生了许多闻名于世的伟大人物，正是因为犹太人懂得"知识就是力量！"的道理。当他们的孩子刚刚懂事，母亲们就会将蜂蜜滴在书上，让孩子舔书上的蜂蜜，她们想告诉孩子：书是甜的。他们懂得知识的重要作用，让孩子从小起就产生出对知识的渴望。

既然知识是可以改变一切、决定一切的伟大力量，你或许会问，我怎样才能获得这种力量呢？答案只有两个字：学习，坚持不断的学习，人的一切知识都是从学习中得来的。一个人从出生到这个世界就开始学习，学习说话、学习走路、学习做事、学习一切。如果不学习，他就不可能健康地成长，成为一个健全的人。歌德曾经说："人不是靠他生下来拥有的一切，而是靠他从学习中得到的一切来造就自己。"学生在学校时最应该培养的一种能力，就是熟悉各门学科的相关书籍的能力。在图书馆中，在汗牛充栋的藏书中，找出一些对自己最有价值的书本来阅读，这种获取知识的能力，对于人的一生都是非常有用的。

而在现实生活中，很多人都渴望在一夜之间学得想要的一切知识，这是很不切实际的。古人常说："十年寒窗无人问，一举成名天下知。"其中的功利性虽不为我们提倡，但这"十年寒窗"却无疑体现了学习的寂寞与困难。很多人在学习时往往心态浮躁，而且有一种严重的功利倾向实用主义，其实这种态度对学习是非常不利的。任何事情都应该循序渐进，只有不断地读书，不断地增加自己的知识储备，你才能在未来的工作与生活中充分发挥知识所蕴含的力量。

现在的时代是知识时代，知识经济已成为人们普遍的共识。而如果说人类的全部知识像太平洋，那么一个人所能掌握的，就只是太平洋中的一滴水。一个人的精力和时间都是有限的，而这有限的精力和时间也不可能全部都用在读书学习上。所以，在学习的过程中，你一定要有选择性。选择最需要掌握的知识、最应该掌握的知识，也是在学习过程中要完成的一个重要任务。此外，在迅速膨胀的知识海洋中，有许多消极，不健康的有毒物质，对此你一定要警惕，不要让这些垃圾占用和污染自己的大脑。

总之，无论在什么时候，你都一定要记住培根的那句话：知识就是力量。

你有多少知识，就有多少力量，你的知识和力量永远是相等的。

2. 兴趣是最好的老师

积极的兴趣是通向成功的阶梯，有兴趣虽然不一定就能成功，但成功一定要有兴趣。

在学习中，你可能会有偏科的现象，不能在各方面均衡发展，老师还可能会因此批评你，但是你不需要为此担心，俗话说得好，人贵有所专。每个人都不可能在所有学科都具有丰富的知识，虽然，在求学阶段，你是应该在各方面都有所收获的，但坚持你的兴趣却是更重要的，只有这样你才能为自己的人生打下良好的基础，找对自己的方向。爱因斯坦曾经说："兴趣是最好的老师。"爱因斯坦4岁的时候，他的父亲送给了他一个指南针当做生日礼物。指南针无论怎么摆放，那个指针总是指向正南方。爱因斯坦对这个现象产生了强烈的好奇，父亲正是通过引发孩子的好奇心而激发了爱因斯坦对科学的兴趣。爱因斯坦在自传中回忆自己所走过的道路时，特别提到了这件事给他的生命带来的影响。他认为，思维世界的发展在某种程度上说就是对好奇的不断摆脱的过程。兴趣是人类的创造力得以发挥的前提，是获取成功的最强大的动力。试问，一个人如果对某一件事情不感兴趣，他怎么可能取得想要的成功。大多数的伟大成就都源于强烈的兴趣，因为要取得伟大的成就，一定要付出别人从来想象不到的努力。如果没有兴趣这一强大的动力支持，除非是一个不为自己而活的人，否则很难有人完成如此艰苦的任务。

　　提出"进化论"的伟大生物学家达尔文从童年时代就对大自然的各种现象产生了强烈的好奇。中学时代，他对大自然的兴趣越来越强烈，开始搜集各种动物和植物，然后认真地制作成标本。中学毕业以后，达尔文应父亲的要求去了爱丁堡大学学习自己并不感兴趣的医学，因实在没有兴趣而中断了学业，后来又转入剑桥大学学习神学。但达尔文仍然把大量的时间花在了阅读生物学书籍和采集动植物标本上。达尔文在自传中回忆说："在剑桥的时候，没有一项工作比搜集甲虫使我更为热心，更感兴趣了。"后来也正是这种对生物学的强烈兴趣驱使他在1883年登上"贝格尔"号军舰，开始了举世闻名的环球考察，最终出版了他的巨著《物种起源》，这本书改变了人类对自我的认识，使人类知道了各种生物和人类的起源以及进化的过程。可以说，《物种起源》对人类世界产生了深远的影响。从这里可以看出，达尔文所取得的伟大成就与他对生物学的浓厚兴趣是分不开的。

　　孩子，如果你能对某种事物产生了强烈的兴趣，那么在艰苦的奋斗过程中，你不仅不会感到厌倦和疲惫，反而会从中体会到无限的快乐和巨大的动力。而这种积极的心态会让你激发出自身最巨大的潜能和毅力，通过这种良性的循环促进你最终会成就一生的辉煌。

　　孩子，不要过于注意你在学校的学习成绩，那是靠不住的，关键是你一定要在学生时代找到自己的兴趣点，并努力去发展它，只有这样你才能取得成功；只有这样你才能拥有一个积极的心态，提高自己的学习效率，激发出自己身上的学习潜力和毅力。只要你找到了你的兴趣点，那么即使你的成绩是倒数第一，你最终取的成绩也会让那些真正的第一汗颜。在你学习的时候，强烈的兴趣会使你全身心地投入，集中全部精神，除了眼前正在做的这件事之外，别的什么都不要去想。一个人如果不能把精力集中在一个对象上，而是做一件事的同时心中又想着其他的事情，那么他的效率一定很低。

　　找到自己真正感兴趣的学科，然后全身心地投入进去，激发出你身上的全部潜能，最终在这一领域取得成功。那么你就是妈妈眼中最好的女儿。

3. 要对所学的东西产生兴趣

　　兴趣是自发学习的推动器，也是不断进步的动力源，激发你对所学东西的兴趣往往能有事半功倍的效果。

　　陈宇华，1972年生，1978～1984年就读于长沙市第四十八研究所的子弟小学。1984～1990年随父母由湖南到福建厦门就读厦门一中。1990年以厦门高考文科第一名的成绩保送到中国人民大学，1990～1992年就读于中国人民大学经济系。1992年以当年大陆唯一的本科生被录取到美国斯坦福大学。1992～1995年就读于美国斯坦福大学。1995～1997年就职于美国科尔尼咨询公司香港分公司。1997～1999年就读于美国哈佛大学商学院。1998年就职于美国高盛投资银行香港亚太区总部。1999年就职于默多克新闻集团北京分公司。

　　和其他的孩子一样，陈宇华小时候也并不是特别爱好学习，陈宇华的父母后来回忆说。大家都夸宇华聪明，父母倒觉得，小时候她和其他孩子并没有什么太大的差别，无论从智力上，还是对学习的兴趣上。

像大多数家长一样，在宇华一两岁的时候，父母就给她买了许多的书，像什么《唐诗300首》，《幼儿数学》，《十万个为什么》等等，一有空闲的时候，就给她灌输，但是她并没有表现出多么大的兴趣。往往是父母一边讲，她一边玩，东张西望，心不在焉的，根本不感兴趣。"宇华，给爸爸背背昨天教你的那首诗，好吗？""……"宇华摆弄着玩具。"鹅，鹅，鹅……"爸爸提醒道。"……"宇华还是不理，把玩具举起来，突然说："爸爸，我要好多好多的玩具！"

父母也没办法。看看人家小孩，说："来，给叔叔阿姨背首诗！"小家伙就摇头晃脑地背诗："日照香炉生紫烟，遥看瀑布挂前川……"父母听着，十分羡慕。宇华连"鹅鹅鹅"都不会背。父母也不知道该如何办，甚至有时候想，这孩子是不是有点笨呀？

那时候，邻居家有个小孩，就是爱玩，学习成绩非常差。虽然管得特别严，但成绩一直就是上不去。她的父母气极了，就逼她学习，结果逼也不行，照样地玩，就打她，谁知道打也不行，那小孩还挺倔，一边嚎叫，一边一个劲地喊："我就不爱学！我就不爱学！打死我也不学！"听了这小孩的话，不光她爸妈生气，宇华的父母也生气：现在这些小孩，到底想干什么？学习条件这么好，还不爱学，他们爱什么！

宇华倒是挺喜欢小汽车的，整天拿着个小汽车摆弄，可这有什么用？"爸爸，汽车为什么4个轮子？"一天，宇华举着小汽车问。"4个轮子才稳当呀。"爸爸一边看报纸，一边随口说道。"那，三轮车为什么是3个轮子？""……有3个轮子，也就稳当了……"爸爸有些不耐烦，因为他正在看一条重要新闻。"那，自行车怎么只有两个轮子？"爸爸放下了报纸，有些吃惊又有些尴尬地看着宇华，宇华正睁大眼睛看着他。父女对视了一分钟，爸爸才缓过神来。

从宇华乌黑但充满了疑问的大眼睛里，爸爸像是看到了什么！"这不就是几何的几个基本原理么?"爸爸的脑子里像有个小火花跳跃了一下,当然,这只是实际生活中的几个小小的疑问而已,但正因为是实际的,不是比教学上的理论更鲜明、更活泼吗!爸爸知道该如何做了,像是大梦初醒一般!"好孩子,"爸爸一把把宇华扯到怀里。"来,爸爸给你讲!"爸爸就用最浅显的话,认认真真地给宇华讲着。令爸爸感到特别高兴的是:这次宇华竟然一动不动,昂着脑袋,老老实实地听着爸爸的话,既不乱讲话,也不做小动作了。调皮、不爱学习、不会背"鹅鹅鹅"的宇华,现在多么像一个好学生啊!

这件事情给父母很大的启发,那就是:兴趣是最好的老师。以前听这句话,父母还不太相信,兴趣?她根本不去学习,哪里来的兴趣?她哪里知道学习的兴趣?难道,只是吃啊,玩啊有兴趣?现在,父母明白了,兴趣不仅仅存在于课本中,课堂上,更多的是存在于现实生活中。

从此,父母也开始发现,宇华原来是个非常爱学习的孩子:她老是在不停地提问。"爸爸,为什么天是蓝的?""妈妈,为什么海水也是蓝的?""为什么喝的水,洗脸的水,却没有颜色?"以前,父母会觉得烦,总是要么胡乱说说,要么搪塞不理——其实,还有一个原因,有的东西父母也不知道。这是不是大人的虚荣心在作祟呢?看来得好好看看《十万个为什么》了。后来,父母就把一切地方,都当作了宇华的大教室。

就这样,父母认真地对待宇华的各种问题,能解决的就解决,不能解决的,一面让她自己考虑,一面自己补习各种知识,然后再告诉她。宇华的"求知态度"得到了认真地回答,求知热情也就更加高涨起来,不断地提问,也在不断地获得知识。

怎样激发孩子的学习兴趣呢?父母可以从以下建议中去掌握:

(1)让孩子从学习中不断感受到乐趣。对未知的探索、对新知识的渴求,和我们旅游爬山一样,登得越高就看得越多越远,从而充满着获得知识的愉快。当孩子尝到这种乐趣之后,即使管得严些,孩子也容易接受了,因为孩子从中感到了快乐。

（2）让孩子从努力中不断体验到成功。学习是一个苦差事,如果只是一味地苦读,尝不到一点收获成功的回报,时间长了势必会厌倦。因此,对孩子的点滴进步和成功,我们都应看到并给予适当的表扬或鼓励,哪怕是一句"今天很不错"的话。孩子体验到成功的快乐,从而自己激励自己再下苦功夫去争取更大的成功。

（3）要帮助孩子在奋斗中不断瞄准新的目标。带孩子登山,我们总会常常指着前面某一处说,加把劲爬到那里歇一会儿。每次作业,每次考试,每次寒暑假,父母都应该帮助孩子定出应完成并且努力后能完成的目标来。如今天作业争取8点前做完,这次考试力争平均分数达到80分,比上次高2分等。让孩子学习有目标,有奔头,这样不仅让孩子从目标完成上感到的压力而转为动力,更能让孩子从努力超前或超质量完成任务中常常体验到成功,为以后攀登更高的人生目标打好基础。不过在目标设置中一要防止要求过高,孩子努力了也完不成,他又何必去努力呢;二是不能随意在孩子已完成目标后再加码,让孩子感到我努力了反而会有更多的作业在等着我,与其如此,不如慢慢做。

（4）鼓励孩子参加课外活动小组。课外活动的实践,可以使孩子切身感受到知识的不足,需要进一步学习。如孩子对数学没有兴趣,鼓励孩子参加数学兴趣小组,多做数学趣味题,就会激发孩子学习数学的兴趣。

选择你感兴趣的事情去学习吧!妈妈一定会支持你的。

4. 勤奋刻苦是最能决定学习效果的

爱因斯坦曾经说过:"天才是99%的汗水加1%的灵感。在天才和勤奋之间,我毫不迟疑地选择勤奋,她几乎是世界上一切成就的助产婆。"

吴静贤,一个普通的中国女孩子,从北京大学毕业,拿到剑桥大学的录取通知书,她拥有一个光明灿烂的未来。这与她的父母从小培养其勤奋学习的习惯分不开的。

吴静贤是一个勤奋的女孩。她看不起那些守株待兔,凡事总想不劳而获的人。她信奉一条原则:99%的汗水加1%的天分才会成功。小时候,父母就用"头悬梁,锥刺骨"的故事来教育她。上高中后,她制定了自己的学习计划。

静贤上学时每节课都上得心惊胆战的,总怕老师叫自己回答问题,要是自己回答不上来,挨一顿骂可是太丢人了。

于是,静贤和同学们就都在这种状态下存活着,像一头头勤奋的牛,没有思想。唯一的特点就是整天忙忙碌碌,晚上回想一天的收获时,却发现是一片空白。

静贤每天都要从早忙到晚。早晨5点多起床,要在6点半之前赶到学校上早自习。早上的一、二节课,都是在半睡眠的状态中度过的,为了不被老师呵斥,提心吊胆,书挡脸,手托腮地小睡一二分钟是她最惬意的时候。

中午赶回家吃饭,吃饭后不敢睡午觉,总怕晚上写不完作业而一定要在中午抓紧时间。每堂课都在不停地记笔记。记得第一次期中考试的时候,除了死记硬背和见过的题目之外,一律不会做。"如果照此下去,自己不但考不上大学,很可能连高中都考不上。爸爸妈妈对自己实在是太好了,他们把希望都寄托在自己的身上,如果考不上大学,他们该是多么难受啊!我一定要摆脱这种被动的状态,制定一套自己学习的方案。"

静贤下定了决心。她为自己制定了一个时间表:

早晨5:30起床、洗漱、吃早饭

6:30早读,然后按学校安排上课,课间要到室外去散散步

12:00午饭、午觉

下午1:30起床、上学

2:00上课

晚上5:30放学后跑步20分钟回家

6:10~7:00预习英语(要记住新单词和读熟课文)

7:00吃晚饭

7:30自学数学和其他科目(其中,一定要注意查清自己没有理解的知识点)

9:00复习前一天学习的知识

注:每周末,要总结一次各科知识点,并把自己做错的题目记在一个本子上,并且一定要注明当时做错了的原因。

逐渐地,这套学习计划成了静贤的习惯。这期间,静贤经常为了理解自己没有弄懂的知识点而又一定坚持自己的时间计划,没有完成老师布置的作业,于是,老师的批评在所难免。

后来,静贤常常在老师讲例题时作一些补充,把同学们惊得目瞪口呆。终于,在期终考试中,静贤名列全校第一名。当同学们以特殊的眼光

看静贤时，静贤却认为自己不过是走了运，而且是走了大运才考到第一名。

然而，班主任却没有忽视静贤在学习中的明显进步。他仔细研究了静贤的试卷，发现静贤解题的许多方法都不是老师在课堂上讲的。他问静贤平时是如何学习的，静贤就告诉了她自己的学习方法。

父母如何培养孩子勤奋学习的习惯呢？我们的建议是：

（1）培养孩子的耐心。可以让孩子长久地做某一件事，以此锻炼孩子的耐力。

（2）教育孩子有责任感。什么时间，干什么事，要有明确目标，力争今日事今日毕，不要等明天。

（3）珍惜时间的观念。以下几个方面的建议对父母也许有用：

①制定一个时间表，在家什么时间起床，什么时间上学，什么时间放学回来，什么时间休息、睡觉，复习功课用多长时间等等，要通盘考虑，合理安排，忙而不乱。要教育孩子认真遵守，持之以恒。

②时间安排要有张有弛。不要把时间全部都安排在学习上，连星期天也不准许玩。要有劳有逸，劳逸结合。要根据孩子年龄特点安排玩耍的时间，以利于孩子的身心健康发展。

③要充分利用最佳时间。儿童时期，孩子的大脑发育尚不完善，比起成人来，容易疲劳。他们记忆力好，但不宜进行过长时间的学习。一天最佳的学习时间，是在上午9～11点，下午3：30～5：30，但在中午应让孩子有2个多小时的休息时间。

④晚上做作业，复习功课，但不宜时间过长。时间过长，会影响孩子入睡。

⑤要及时检查对时间的使用。有了一个时间表，可以使孩子学习、生活有秩序地进行，但要注意及时检查。

通向成功的捷径只有勤奋，因此，你一定要努力地去学习。

5. 虚心好问，要善于请教他人

    一个人的能力和知识毕竟是有限的，面对不懂的问题你一定要善于请教他人，别觉得有什么不好意思。

    司卫东，生于1970年10月。1986年考入中国科技大学少年班，毕业后在著名超导专家、中国科学院院士赵忠贤处攻读博士学位。1997年6月赴美，现为宾州州立大学物理系博士后。

    当卫东进入小学高年级时，爸爸观察卫东，发现他喜欢唱歌，喜欢听歌，可是哪一首歌他都唱不到头；他喜欢看足球比赛，可自己并不好动；一台收音机让他拆坏，不能还原；但是他喜欢看书，性格好静，因而爸爸认为他搞理科比较合适，于是爸爸便根据这个大的方向来激发他对科学的兴趣。

    小卫东有强烈的好奇心，好奇就能够促使卫东产生兴趣。爸爸从这一点出发，注意在家教中引起卫东的好奇心，而每一次好奇心的诱发又都是以身边的科学为内容的。

    坐火车时，爸爸问卫东："卫东，你看这车窗外的树为什么往后跑呢？""因为火车在往前开。"卫东回答。"那你再看看远处，远处的那些树木是往后跑还是往前跑呢？"啊，远处的树怎么会朝前跑呢？整个大地看上去好像在围绕一个看不见的轴在转动。"爸爸，这是怎么回事？"于是，爸爸给他讲解了一番，引发了卫东对运动现象的浓厚兴趣。

在教卫东学骑自行车时,爸爸问:"我要把一个箱子从外屋推进里屋,这摩擦力是好是坏?""不好,推起来费力。"卫东回答。"那自行车轮子跟地面的摩擦力是好是坏?"卫东回答不了了。爸爸就解释说:"自行车后轮和地面的摩擦力向后,那么它的反作用力就是向前,推动自行车往前,所以人在车上踩脚蹬子,就可以往前行驶。""那这个摩擦力是好的了。"卫东说。"不全是好的,前轮跟地面的摩擦力又是不好的了。"

他们回到乡下,爬山钻溶洞看钟乳石的时候,爸爸就对他讲山、讲水、讲古迹;进城时,在公共汽车上,有位子他们也不坐,而总是站在最前面看司机怎么开车;洗衣服,爸爸也把卫东喊过来看看,再用手指在漩涡中心的空洞处试试,告诉卫东龙卷风形成的道理……

这样一次又一次利用卫东的好奇心,进行诱发。终于使卫东初步产生了对科学的兴趣。接下来的任务,就是"由浅入深",把他产生的兴趣巩固下来。

要让孩子虚心好学,父母不妨将以下几点当做主攻方向。

(1)做功课遇到疑难问题时,不要让孩子依靠父母解决。最好是做一些提示、反问,鼓励他独立思考,放弃依赖心理,因为做功课是他的责任。

(2)培养孩子谦虚的品格。不懂就问,不耻下问,只有这样才能把学习搞好。

(3)要启发孩子自己解决问题。当孩子发现书上有不懂的问题,问为什么时,父母要耐心回答,还要称赞他能虚心好问。有的孩子学习上怕苦怕难,一遇到难点就问爸爸妈妈或爷爷奶奶怎么做。这时不能直接告诉他答案,要鼓励他自己动脑筋去想,要启发他,自己去解答问题。

不要怕向别人请教,不懂的就问。一定要把自己不明白的难题弄清楚。

6. 及时地调整学习计划

计划是死的，人是活的。俗话说得好：计划赶不上变化。当学习情况发生变化时，孩子应该根据需要及时的调整，当学习时出现偏科，就应该在别的科目上多花些时间；当因为生病等原因无法保证学习时间，也应该对学习计划进行调整，尽快把落下的科目补上。

不能随时变化的计划很容易出现纰漏，以下情况，可以作为参考：

（1）当变不变，反受其乱

这是一个学生的真实经历，因为计划不知变通，惹出了麻烦：

那天是周六，我依然早上6点起床，等穿衣洗漱完毕，便像平常一样收拾好书包坐到妈妈已经准备好了的饭桌前。早餐基本是固定的样式：一杯牛奶，一个煮鸡蛋，两块面包。可是那天我"出奇"地发现了一个问题：每天由妈妈完成的一道工序，这天不知怎么被忽略了：鸡蛋壳竟然没有剥好！于是我便大惊小怪地叫起来：妈，这让人怎么吃呀！快来快来！

妈妈正在忙着给外出的爸爸找衣服之类的东西，被我这一叫便赶紧从里屋往小餐厅走。"啥事？"妈妈神色显得很紧张地问我。

我像老爷似的伸伸脖子，冲着桌面上的东西说："你看，鸡蛋壳还没有剥呢！"

妈妈突然感到自己像做错了什么事似的,嘴里连声说着:"哟,我咋把这事忘了!"说着就动手剥起蛋皮。妈妈的手动了几下又忽然停了下来,怒发冲冠地对着我大喝一声:"你死人啊?这么大的人怎么连个鸡蛋壳都不知道自己剥一剥呀?"

我呢,死心眼一个,眼睛瞅着墙上的那只挂钟,嘴里却不自觉地吐出了这句不该说的话:"我是死人吗?你没看时间都过了5分钟呀!我要迟到了你知道不知道?"

这时,我见妈妈一下像泄了气似的瘫倒在地,双手拍打着自己的双腿,悲切地哭嚎起来:"我这是作的什么孽呀!你这个臭小子,我……我要是死了你怎么办呀?呜呜呜……"

妈妈的哭声把我唤醒了:是啊,我都18岁了,难道为了上大学就变成一个连鸡蛋壳都不会剥的寄生虫了?假如是这样,我上大学又有什么用呢?对得起辛勤的父亲和善良的母亲吗?我仿佛一下子从多年养成的恶习中醒悟,抖着双手将瘫坐在地的妈妈扶起,并对她说:"妈,是我不对,以后我自己剥鸡蛋壳。"妈妈一听,愣了半晌,然后破涕为笑,说:"不怪你,是妈耽误了你的时间。"说着又站起身麻利地为我剥着鸡蛋壳。此情此景,让我眼泪忍不住哗哗落下,"哇"的一声扑在了妈妈的怀里……

(2)把坏事变成好事

小岩的学习计划也受到了意外的干扰,他的处理方法就不一样了。他是在一次滑冰的时候不小心把脚扭了,在家里躺了一个礼拜。那是在初二,学习十分紧张。谁都知道,耽误一周的课程是非常大的损失。他面临的最大问题就是怎样能在病好后跟上学校的进度,不要越落越远。

他躺在床上十分着急,原来的学习计划肯定不能继续用了。他一咬牙,下决心,拼了!他决定自学,把教材、参考书和习题集摆在床边,一门一门地攻。先读教材,再看参考书,最后做题。他想,上课学习的目的也不过是为了做题,只要能把题做会了,在家里自己学也一样。

结果,他的这种自学方式比在学校听讲的效率还高。在学校,老师要照顾到水平不同的同学,讲的进度就不会太快,有时候他明白的问题老师会翻来覆去讲,有时候他没听懂的,老师反而一笔带过。自学就不一样了,注意力更集中,学习的兴趣更浓,效率更高,时间当然也就更充足了。结果,他不光把习题集的相关题目都做了一遍,对那些做错的题目还能从头再做一遍,直到做会为止。对于实在想不通的问题,他会记下来,晚上给同学打电话请教。

病好之后,别的同学要帮他补课,他摇摇手说:不用,我已经都学了。到测验一看,他的名次不但没有下降,反而上升了。老师让他介绍经验,他说:"非常感谢这次生病,让我学会了自学,我这才知道学习能有这么多的乐趣。"

学习计划不能一成不变,否则很容易产生混乱走入歧途。

7. 选择适合自己的学习方法

学海无涯,如果说学习是宽广的大海,那么学习方法就是能在大海中畅通无阻的巨轮,学习也只有找对方法,才能获得最大的成功。

1983年,哈佛大学教授、心理学家赫瓦·加纳出版了影响深远的《心理构架》。他指出过去我们对智力下的定义失之偏狭,人生的成就并非取决于单一的IQ，而是多方面的智能。主要归为以下七大类：①语言，②数学概念，③空间，④体能，⑤音乐才华，⑥人际技巧，⑦透视心灵。这种多面向的智能观，更加完整全面地呈现出学生的潜力，帮助家长和老师更准确地了解，学生将来可能取得哪方面的成就。

教育对孩子最大的帮助，是引导他们走入适合自己的领域，使其潜能得以发挥，从而获得最大的成就感。我们应该做的是减少评比，多花心力找出每个人的天赋加以培养。成功可以有无数种定义，成功的途径更是千变万化。现在，越来越多的心理学家同意加纳的观点，传统的IQ只围绕着狭隘的语算能力打转，IQ能够预测课堂和学业上的成绩，但对于学术以外广大的生活领域、对于整体人生的成就，没有多少关系。智力高的人找错工作结错婚，是很常见的事情。

有的学习方法适合别人，但不一定适合你，你应尽快选择适合自己的学习方法。

王颖原是昌平区二一学校的学生，在校期间曾多次获得区三好学生称号，1998年转到北京101中学。一个学期后，父亲王升祥发现，孩子的学习劲头明显地低于上学期，于是在家长会上和班主任及各科老师交谈，得知她不像以前那样积极主动地回答问题了。

知道这种情况后，父亲并没有责骂孩子，而是反复耐心地找孩子谈心，终于得知，王颖在模仿一种"放松式"的学习方法。父亲说，"放松式"学习方法是学习方法的一种，可这种方法因人而异，对你不太适应。你是勤奋的孩子，必须以勤为本，再加刻苦努力，才能实现自己的理想，一分辛苦，一分收获，不劳而获是不可能的，只能不畏艰辛，才能达到知识顶点，任何捷径都不可取，你可以坚持你的"放松式"学习方法，到期末考试成绩出来后，你就会马上放弃这种学习方式。

到学期结束，果然让父亲说中了，这时的父亲并没有埋怨孩子，只是拍拍她的肩膀，心平气和地说："孩子，这也是你在学习中的一次失误，没有选择好适合自己的学习方法。"他不发脾气，是因为知道王颖的自尊心很强。而这种点到为止、不追究根源的方法，反而使孩子很容易就接受了父亲的意见，改变了学习的方式。

父亲总结说，人不可能十全十美，也不会是全能，人生的价值追求主要体现在通过自己的努力，达到力所能及的目标，而不是片面地去追求完美无缺。对孩子的"过"和"失"，我们要持理解的态度，及时寻找原因，既不自欺欺人，也不将其认为是天塌地陷的大事，而是以积极的态度和方式去应对现实，教给孩子自信，去战胜"过"与"失"。

在这个例子中，父亲最了不起的地方，是没有强迫孩子按照自己的意愿改变学习方法，而是允许孩子尝试，允许孩子失败，也允许孩子从跌倒的地方爬起来。家里的理解和支持，是孩子取得好成绩的最大动力。这也说明一个道理，适合自己的学习方法，是需要通过摸索才能找到的，要给孩子探索的机会。事实上，当王颖重新选择原来的学习方法后，也会从失败的尝试中吸取合理的部分，对原来的方法也是一种完善和补充。而在这种有成功有失败的尝试中，她的成绩会越来越好。

学习方法是有效学习的前提，没有有效的方法，那么即使再怎么努力也可能劳而无功。

8. 积极地提出问题和回答问题

善于学习，就要能积极提出问题与回答问题，这样你才能更有效地去理解这个问题。

这是山东日照市四中992班的卢波写的一篇文章：

还记得，从小学开始，我就善于在课堂上与老师配合。对老师提出的问题，我总会争先恐后地举起我的小手，等待老师的目光射向我。不知是老师的偏爱，还是别的什么原因，时间长了，老师每次提问都在提醒我该回答问题了。为此，同学们对我是又羡慕又嫉妒，而我却常常沾沾自喜。就这样，我在小学成绩一直都很好。后来，我以优异成绩升入了重点中学。

上了初中以后，我尝到了小学积极回答问题的甜头，当然也不会丢弃自己的那套看家本领。更让我欣喜的是，我又找到了两个知己，有了他们两个我更加兴奋了，课堂上，我们总是抢先举手，争着回答问题，课堂气氛更加活跃了。不知不觉，要期中考试了，我们3个带着十分的自信进入考场……结果很快出来了，我第一，第二、第三当然也就是他们两个了。这也是我们预料之中的。我慢慢总结出：积极回答老师提出的问题，不仅能集中听课的注意力，提高口头表达能力，还能使思维更加活跃。就这样，我们持续了4年，终于迎来了第一次决定命运的中考。我们如同往常一样，充满了必胜的信心。可揭榜的那一天,我愣了,我仅考入了一所普通高中,而他们两个都考入了市重点高中。

开学的那一天,我很不情愿地跨进了校门,我为这所"不称心"的学校而心灰意冷。就在那时,我的那两个知己来了,我们敞开心扉,谈了好多好多,可唯有那一句"只要拿出我们初中的精神,我们的老招,不论在哪里,都一样学得很好"给我留下了深刻的印象。我仔细一想,脸上终于又出现了笑容,好像我又回到了从前。

可是,在新的学习环境中,正当我像从前一样举手回答问题的时候,我看到了同学们向我投来的目光,我看出那里面充满了惊奇和嘲讽。我怕了,我低下了头。我只觉得我那只手变得老沉老沉,让我无力举起它。从此,老师有了自己举手的习惯,而我的心好痛好痛。

这样过了一段时间,我的成绩下降了,而且下降的幅度很大。又过了几天,老师找我谈话了。我如从睡梦中醒来一样,把这些日子积攒的苦闷,一股脑儿全倾诉给了老师。老师听了之后,笑着对我说:"现在,为了学习,为了班级,你要起带头作用,带动同学们一起积极回答问题,就像你从前一样。我支持你。"就在这一刻,我的心情真的无法形容,我暗暗下定决心:我将迎着同学们的目光,勇敢地回答问题,再也不用胆怯。

走出老师的办公室,我激动的泪水再也忍不住了。面对蓝天,面对白云,我大声说:"老师,我再也不会让您举手了。"

不要因为同学的目光而畏缩不前,不去提问或回答:这样只能让你在"原地踏步"。

9. 培养独立思考的好习惯

独立思考是每个孩子所必须具有的能力，你可能在平时靠父母，让老师、同学去帮你思考，那么在考试，你又如何是好呢？所以一定要在平时就好好培养独立思考的习惯。

黄全愈博士讲过这样一个故事：

美国小学教师达琳在昆明进行教学交流时，因为看到中国孩子们的画技十分高，有一次就出了一个"快乐的节日"的命题，让中国孩子去画。结果，她发现很多孩子都在画同一样的东西——圣诞树！

她觉得十分奇怪：怎么大家都在画圣诞树？开始她想，可能是中国孩子很友好，想到她是美国人，就把"快乐的节日"画成圣诞节。接着她又发现不对：怎么大家画的圣诞树都是一模一样的呢？

结果她发现孩子们的视线都朝着一个方向去，她顺着孩子们的视线看去，发现墙上画着一棵圣诞树。

于是，达琳把墙上的圣诞树覆盖起来，要求孩子们自己创作一幅画来表现"快乐的节日"这个主题。

令她更感吃惊的是，把那墙上圣诞树覆盖起来以后，那群画技超群的孩子们竟然抓耳挠腮，咬笔头的咬笔头，瞪眼睛的瞪眼睛，你望我，我望你，就是无从下笔。

达琳不得不又把墙上那幅圣诞树揭开……

是的，达琳面对的这群小"绘画天才"，只能够模仿，不知道怎样创造，不会独立思考："快乐的节日"应该是一幅什么样的画面？应该放上什么景物、什么人？如何安排画面的布局？

例子虽小，却十分有普遍性，指出了国内学生普遍存在的痼疾：不会独立思考！他们面对考试，总是尽可能多地做题，记住各种题型的解法和标准答案，而不是在用自己的脑子分析、思考。

独立思考的能力需要培养，它的成长需要土壤、水分和阳光。

在美国，小孩上绘画课，常常是老师给一个题目，让孩子们自己画，想怎么画就怎么画，爱怎么画就怎么画，老师一点不管。画完了老师就说——好哇！好哇！

古话说，"没有规矩不成方圆"，这些没有规矩的孩子到了大学又会是什么情形呢？

美国大学的VLSI设计课程上到深处，学生就可以做出实实在在的ASIC芯片，然后拿着自己的设计去硅谷或者别处工作面试，说："这是我做的东西。"是的，大学学生就可以开发设计自己的专利产品，用它来敲开微软公司的大门。

念到硕士博士，考核内容就更加"离谱"了。

美国教授一般会让自己的学生多参加研究工作，而不是做重复性项目。美国的博士生一般有一个资格考试，在硕士期将近结束时进行。考试时提出一个新兴课题，摆出方案，由5人评议小组审核课题的新颖程度、意义和方案可行性等。通过资格考试，你才可以在这个课题上开始你的论文研究。如果评议期间有人就同一课题发表了阶段性研究成果，你就必须修改课题甚至从头再来。

UCLA和加州理工学院的化学系博士资格考试有这么一项：几个教授从某篇新发表的文章中提取课题，让博士生在两三天内提出解决方案，以此测验学生对前沿研究的敏锐程度。这种考试有时一个通过的也没有。

看出来了吧，博士生就应该挑战学术最前沿的尖端课题，读博士是为了踩在巨人的肩膀上，站得更高——这就是独立思考！

国内的中学学习很少有独立思考的机会，因此家长才应该千方百计为孩子创造独立思考的条件，培养孩子独立思考的能力。毕竟，在高考中，孩子是要自己独立面对的。

面对问题时，要先靠自己，深入地去思考，实在没办法，再去请教他人。

10. 要培养创造力，善于创新学习

孩子的创造力通常会与"破坏性"联系在一起，因此往往受到父母的批评或指责，其实孩子"破坏"失去的只是可估量的价值，但有创造力的破坏却能得到一生也受用不尽的财富。

创造力是一个人在传统知识和习惯的包围中，发现、探索、掌握事物的能力。也就是说，创造是无法在现有知识中找到的。其实，每个孩子都有创造力，只是我们做父母的没有发现。例如，有的父母对待孩子提出的问题，要么给予现成的答案，结果使孩子渐渐养成懒得动脑筋的习惯；要么置之不理，甚至叫孩子闭嘴。也有些好奇的孩子喜欢把家中的东西拆开来探究，而父母将视之为"不务正业"，当然少不了一顿责骂，孩子的创造性便渐渐消失了。发明家爱迪生曾经说过："善于创造的人，往往具有一个奔驰的脑筋。"给孩子一片"破坏"的天空，孩子"破坏"失去的只是可估量的价值，而得到的却是孩子一生受用不尽的财富：思考、创造和智慧。

有这样一个故事：一天，有一个孩子的母亲因孩子把她刚买回家的一块金表给摆弄坏了，就狠狠地揍了孩子一顿，并把这件事告诉了孩子的老师。不料，老师却幽默地说："恐怕一个中国的'爱迪生'被你枪毙了。"这个母亲不解其意，老师给她分析说："孩子的这种行为是创造力的一种表现，你不该打孩子，要解放孩子的双手，让他从小就有动手的机会。你可以和孩子一起把金表送到钟表铺，让孩子站在一旁看修表匠怎样修理。这样，修理费就成了学费，你孩子的好奇心可以得到满足。说不定，他还可以学会修理呢！"

这个故事发生在半个世纪前。故事中的那位老师就是我国著名的教育家陶行知先生。故事明白无误地告诉父母，要保持孩子的创造性，让孩子在好奇心的驱动下学会创造。

创新是一个成功者必备的素质。孩子从小展现出来的创新天赋是各种各样的，他们爱幻想、爱动，而且，没有成人的条条框框的束缚，他们敢于将大胆的想法付诸实施。在这些幻想中，蕴含着大量创新的火花，犹如金矿中蕴含着金子。

张肇牧从小就聪明异常，考入全国最好的大学——北京大学，毕业后又被哈佛录取。在众多对他敞开大门的世界著名大公司中，他选择了所罗门金融投资公司，年薪15万美元。张肇牧也许只是平常人中的一个，但是他有一个富有爱心和智慧的母亲，在母亲这位人生第一位老师的培养下，张肇牧才能焕发出这样夺目的光彩。

一天妈妈下班回到家后，刚走近厨房，就嗅到一股怪怪的刺鼻的味道。肇牧正在厨房里,他看见了妈妈,就直往后退,他努力想用身子挡住身后的一个大钵头。妈妈过去一看,浓烈的怪味正来源于这个大钵头中的东西。

原来,淘气的肇牧竟然把架子上的酱油、醋、料酒、麻油、虾油卤和番茄酱等等,凡是瓶装的液体流质,统统都倒在一起,调成了黑乎乎的一钵。

妈妈顿时就发火了:"你什么不能玩啊?为什么这么淘气啊?"肇牧低垂着头,怯怯地说:"妈妈,我想配一种药水,让蚊虫一叮就自己死掉。"

尽管这餐晚饭弄得爸爸妈妈前所未有地手忙脚乱,但是他们没有打他,甚至重言重语也没说一句,孩子虽然做了件傻事,但其中蕴涵着的创造欲是极可贵的。

孩子发挥你的创造力吧!只要你觉得是有意义的,妈妈都不会怪你。

11. 养成主动学习的好习惯

学海无涯,学习向来是一个漫长而久远的过程,你只有主动地付出努力,主动地去学习,才会有一个好的学习效果。

对文献的研读是美国研究生的一个主要课程。发展快一点儿的学科,如生物,研究生课程常常没有教科书,只有文献,甚至像听科学报告一样，十几位老师轮流转，每个老师讲他那一方向的科研，留一堆令人头痛的文献。美国教育体制似乎并不在乎给学生一个完整的理论体系，而在乎给学生一个分析信息的方法，"少谈主义，多谈问题"。有的老师还要故意给学生指定"牛屎"文章请学生分析，让学生上大当，让学生明白，即使是科学，也有不完美的地方和撒谎的地方。在美国，一个好的研究生不光要做好项目，还要会看文章、能拿主意、懂得究竟为什么要做这个项目，并能放眼未来。而一个研究生如果只是被动地读导师指定的文献，他不会成为一个真正的科学家，最多只能成为一个科学上勤勤恳恳的跟屁虫。

所以说主动地进行学习其实就是主动自发地进行探索的过程，是独立进行分析和研究，从而得出自己的结论，而不是被动地接受老师的传授或书本上的"教条"。在国内的中学教育中，尽管标准答案一直是对学生创造力的束缚，但高考重视的，依然是应用已有知识来解决没有碰到过的问题，考核的重点依然是掌握知识、应用知识的实际能力。比较近几年高考状元的心得体会，就可以发现一个现象：早几年的状元偏重于死读书，而2000年后的状元，思维普遍都比较活跃。所以，你要想取得更好的成绩，一定要培养主动探索、主动学习的能力。

被动的学习在国内比较普遍的就是所谓的"满堂灌"，它是把知识硬往学生的头脑里塞，而主动学习恰恰与此相反，它是通过自发的阅读、分析、研究比较，让你所掌握和知识更充分、系统和扎实。这就像是给自己心中的知识树浇水施肥，看着它逐渐茂盛起来。两者的区别在于，一个是让知识在自己心灵扎根，另一个则只能让知识成为脑海中的短暂过客。从效果上来看，主动学习的效果更好；从效率上来说，主动学习的效率更高；从难易程度上来看，条件反射式的题海战术和强化训练，等于是用做十道题的时间，来找出一道不会做的题目，并且在发现不足之后，学生的脑力体力都近于衰竭，即使当时能死记硬背记下题目做法，只要稍加变化，结果还是不会。而主动学习，则是用全部的时间来寻找自己的漏洞和弱点并加以弥补，当然能更容易取得好成绩。

在美国的中学，大多数作业都没有需要"背功"的时候，更没有"标准答案"。你获得什么等级的评分，全看你搜集材料的功夫，以及有没有独特又言之有据的观点——你不必担心"对"还是"错"。

譬如在一堂历史课上，老师曾经布置过这样一个研究报告："选一个20世纪对美国有贡献的人物，而这个人不在历史书中，但我们应该把他（她）记载入书中。"这样的题目给学生们很大的余地，想写谁就能写谁。学生可以选择自己喜欢的人物，然后在图书馆、因特网查找资料。看似简单的一个题目，要花好些时间与精力才能做好。小小的报告就好比一篇论文，可以包括自己的看法与许多图片等等。这样的题目往往能让学生主动自发的去学习研究，需要他们花费一定的时间，而在完成之后，学生自然会感觉学得更有效，更有成就感了。

俗话说得好，"师傅引进门，修行在个人"，学习从来就不是光靠别人就能取得成效的。你只有养成了主动学习的好习惯，才有可能得到最好的结果。

12. 掌握良好的记忆方法

死记硬背显然不是最好的学习方法，但是学习必须有很强的记忆力却是可以肯定的，记忆力虽然受先天的智力因素影响，但通过后天的摸索与学习，你同样可以很好地掌握它。

在周弘的婷婷聋童幼儿园里，有一个叫胡林熹的女孩子，曾给各位来客表演过现场的快速记忆。

他让每个来宾都在纸上写几个字、词或是短句。上面写的是：北极熊，把欢乐带给大家，图画，北京真好玩，他在唱歌，圆明园，舒展，写作文，真棒，活力，橙色的房子，巨大的潜力，会当凌绝顶，和平，高速公路，辽宁，小朋友祝你进步，朋友，砖头。这些莫名其妙的文字，相互间毫无联系。

胡林熹盯着桌子上的纸条，一声不吭看了两分钟，然后就开始背诵。

周弘对大家说，咱们一定要热烈鼓掌，鼓励她。

胡林熹一个接一个往下背。每说出一个，周弘一定会伸出拇指，喊一声"太棒了！"大家也跟着鼓掌。很快，胡林熹按照顺序一个不差全部背出来了。大家报以热烈的掌声。

随后，胡林熹复述她编出来的故事：

"北极熊把欢乐带给大家，大家画图画，图画说，北京很好玩，好玩的字在说,他在唱歌,会唱歌的圆明园舒展了一下,写起了作文:真棒的活力盖了一个橙色的房子,房子有巨大的潜力,会当凌绝顶,顶了一万个和平。和平驶上了高速公路,撞到了辽宁,辽宁说,你们是最了不起的小朋友,小朋友祝你进步,进步的朋友拿起了砖头。"

客人们大笑。

记忆其实就是这么简单,它并不需要你就是天才,只要你能够将记忆力与想象力联结在一起,那么你就会迅速掌握良好的记忆方法。

美国的特殊教育代表团在对周弘的这所幼儿园进行参观后,充满惊奇地说:"我们美国的聋童教育,根本达不到这个水平。"

此外,除了用联想来帮助记忆外,用图形也是一个很好的记忆方法。

记忆力通常会涉及人的视、听、触、味、嗅等五种感觉。尤其是视觉,以图形形式出现的印象,往往会对你的记忆起至关重要的作用。例如,人们总能很容易地记住一个人的面貌,而不是他的名字,这就说明人脑对视觉形象记得敏感,同时也记得比较牢。如果尽可能多用图解来帮你记忆,就会使枯燥、困难的记忆过程,变得有趣与简单。

有一种"栓钉记忆法",依据的就是图形记忆的原理。例如,在需要按顺序记单词时,你可以把数字从一到十都找到一个词来代替,作为你的"记忆栓钉",例如一是衣服,二是耳朵。然后,把你要记忆的单词,按照顺序和栓钉建立联系。如果第一个是蛀虫,你就想象是一件爬满蛀虫的衣服,第十个是卡迪拉克轿车,你就可以想象,用石头把卡迪拉克轿车砸得稀巴烂。这就是利用你头脑中浮现的画面来帮助记忆。原则上说,你设想的画面越奇特、越离奇,记忆的效果就越好。你还可以用自己的衣服、文具、教室的物品和同学的人名,来建立这套栓钉系统。这样,在考场上,你只要想起自己熟悉的东西,就能跟着回忆起问答题有几个要点,分别是什么。

除了以上这两种有效的忘记方法外,记忆的方法还有很多,你不妨参照使用。

分类记忆（根据不同标准分门别类灵活掌握）；编码记忆（将记忆对象编成一个"记忆链"）；集散记忆（全习、分习、全体、重点、分组渐进）；相关记忆（抓住共同点、相关处连锁记忆）；形象记忆（趣味、歌诀、直观、实验记忆）；规律记忆（演绎、归纳、类比、比较等逻辑记忆）；讨论记忆（群体切磋研究、辩论、争论等）；多通道协同记忆（听、读、说、写、做等）；利用多种工具记忆（参考工具书、参考书、自编资料、电脑软件）。例如，爱因斯坦记电话号码：24361.第一位数2，第二位是它的2倍，下面是19的平方。周总理记全国30省市自治区的名称，写成口诀：两湖两广两河山，五江云贵福吉安，四西二宁青甘陕，还有内台北上天。每个人都会有自己记忆的一些诀窍，可以加以总结，更自觉地使用它们，将会大幅提高记忆的效率。

记忆本身其实并不枯燥，也并不会让你头痛，而这前提是你要能掌握良好的记忆方法，如此，记忆就会变得充满乐趣。

第五章
养成良好生活习惯,女孩应该懂得的

生活的花朵只有付出努力才会绽放,我们虽然不能控制生活,但是我们能够和它斗争,从它的手中抢得幸福。而这斗争的重要武器之一就是良好的生活习惯。养成良好的生活习惯,就好比是储存幸福的资本,它会不断地增值,让你一生都受用不尽。

1. 要劳逸结合，不要有太多负担

一般的人，尤其是孩子都很难用充足的时间和精力去做自己想做的事情，这其中最主要的原因就是忽视了有计划的休息。

五官科的病房里同时住进来两位病人，都是鼻子不舒服。在等待化验结果的时候，甲说，如果是癌，立即去旅行，首先去敦煌，然后去拉萨，乙也表示赞同。

结果出来了，甲得了鼻癌，乙长的是鼻息肉。

甲列出了一张告别人生的计划表：去一趟拉萨和敦煌；从攀枝花坐船一直到长江口；到海南的三亚以椰子树为背景拍一张照片；在哈尔滨过一个冬天；从大连坐船到广西的北海；登上天安门；读完莎士比亚的所有作品；力争听一次瞎子阿炳的原版《二泉映月》；成为北京大学的一名学生；要写一本书……凡此种种，一共有27条。

在这份生命的清单后面他这样写道：

"我的一生有很多梦想，有的实现了，有的由于种种原因，没有实现。"

"现在上帝给我的时间已经不多了，为了不遗憾地离开这个世界，我打算用生命的最后几年去实现还剩下的27个梦想。"

当年，甲就辞去了公司的职务，去了拉萨和敦煌。第二年，又以惊人的毅力和韧性通过了成人高考，成为北京大学中文系的一名学生。这期间,他登上了天安门,去了内蒙古大草原,而且还在一家牧民家里和他们住了一个星期。现在,甲正在实现出写一本书的夙愿。

有一天,乙在报纸上看到甲写的一篇散文,打电话去问甲的病情。甲说,我真的无法想象,要不是这场病,我的生命该是多么的糟糕。是它提醒了我,做我自己想做的事情,去实现自己的梦想,现在我才体味到什么是真正的生命和人生。你生活得也挺好吧!乙没有回答,因为在医院里他所讲过的一切,早就已经因为患的不是癌症而被抛到脑后去了。

其实,这是一个多少带有感伤色彩的故事。在这个世界上,我们每个人都患有一种癌症,不是吗?那就是死亡,谁也不可能抗拒。但是我们之所以没有像患鼻癌的甲那样,列出一张生命的清单,抛开一切多余的东西去实现梦想,也许是因为我们认为自己还会活得更久。也许正是因为这一点差别,使我们的生命有了质的不同。平日的劳碌折磨了我们的一切感官,而死亡却带给了甲对人生和生命价值的真正体味。

现代社会工作的节奏是快四步,不仅身体疲劳,精神也会疲惫不堪。适当地休息,就好比军队刚刚打了一场恶仗,休整一下,以利再战,是非常必要的。其实,孩子的学习又何尝不是这样的呢?三点一线的学校生活,整日面对黑板、课本的单调"风景",成绩提高的同时,消磨掉的东西却也不少。首先是他们宝贵的视力,近视在现代中学生当中已经是非常普遍的情况了,还有,孩子的背是否已经在读书的时候习惯性地驼了下来;他们对美的那份敏感与细腻呢,一样被淹没在公式、数字与很多不知所云的词句里。因此,孩子们需要休息,需要一个完整香甜的睡眠、一段轻松舒缓的音乐或者一份精致可口的饭菜……

不要将自己的精力完全放在学习上,该休息时就好好休息,该运动时就好好运动,只有健康的身体才会有学习的资本。

2. 作息要合理，保护好身体

若想有充分的精力去积极主动地学习，你就要有健康的身体做保证，必须要注意作息时间的安排，要保持良好的睡眠习惯。

睡眠是人的生命活动中最不可缺少的有机组成部分，它也是人体必恢复精力和体力的必要条件，对处于成长期的孩子来说更是如此，因而你一定要养成按时睡觉，早睡早起的好习惯。

现实生活中，父母应该说大都很重视这一点，很注意女儿睡觉习惯的培养。但不可忽视的是，也确实有不少孩子养成了熬夜的习惯。究其原因，有些孩子是因学校布置的家庭作业多，家长又要求孩子学琴、练书法、绘画、写日记、背诵等，致使孩子熬夜；有些是家长每天晚上带头看电视，子女也跟着看，直到看到"祝您晚安"；有些则是家长习惯睡前让孩子背一首诗、讲故事、背诵外语单词、要求孩子躺在床上对一天所学习的功课"过电影"，造成孩子大脑兴奋，不能按时入睡。所有这些使孩子熬夜的原因，都是不符合科学的要求的，对孩子的健康和成长都极为有害。做父母的必须记住，生长激素成长最盛的是11时至半夜，超过这个时间睡，对孩子健康必然会产生负面影响。

著名中医师李家雄根据医疗实践指出，常常晚睡的孩子常有过敏性鼻炎和气管不好的毛病。临床上还发现，熬夜工作的大人容易衰老，而孩子则有眼睛易疲倦、常脚酸、不爱走路且情绪不稳定的倾向。

为了成长中孩子的健康，一定注意培养孩子早睡的习惯。

早睡，可以使儿童的体力和精力得到恢复。那么，如何才能使孩子获得良好的睡眠效果呢？

①每晚9点左右就让孩子做好睡前准备工作，准时上床睡觉。如让孩子去阳台呼吸新鲜空气，深呼吸，刷牙洗脚，静坐一会使身心放松。

②要抑制刺激，如睡前不要看电视和电影、不看书籍、不要打骂训斥孩子、不要强迫孩子做不愿做的事等。

③每天坚持按时早睡早起，坚持锻炼身体，做一些孩子力所能及的运动。

④入睡前不要让孩子吃夜宵，不要饮浓茶、咖啡、饮料和吃巧克力；晚饭不要吃得过饱，可以吃一些含有氨基酸的食物。

⑤要有一个舒适安静的环境，床铺要符合孩子的要求，不要亮着灯睡，可播放催眠曲，培养孩子按时上床、上床立刻入睡的良好习惯。

没有好的休息，就不可能有好的学习，应该让女儿明白早睡早起的好处，给孩子创造平安、安静、舒适和温馨的就侵环境。

睡眠是你恢复精力和体力的最主要的"食粮"，因此，一定要注意劳逸结合，该休息睡眠时就不要再熬夜。

3. 多做运动，锻炼身体很重要

当你身体虚弱时，学习就会很容易感到疲惫；失去了强壮的体魄，很多事就没有"力量"去做。可以说，健康的身体是生活和学习的前提条件，只有身体健康，才可能管理好时间，好好学习，而要使自己身体健康，就一定要多做运动，锻炼自己的身体。

为了健康强健的体魄，要选择适合自己的运动。适当的运动，不但能提升身体的健康，还能促进个人活力，让身体随时保持平衡，有助于精神上的愉快。

看过电影《阿甘正传》的同学都知道，它讲述的是亚拉巴马州一个天真善良的年轻人总在不由自主之中磕磕绊绊地取得成功的故事。电影中有这样一个情节：阿甘感到灰心、困惑，于是他开始跑，不停地跑。从海岸这头跑到那头，来回跑了几圈之后，他觉得好多了，终于做出了自己的人生抉择。

有时候学习太紧张，我们往往很少主动去参加运动，长时间的伏案学习后，脑细胞得不到充足的血液和氧气供应，容易出现疲劳，感到头昏脑胀。也有的时候，因为一些不同的事情，我们会感到沮丧、困惑或无聊。

在这些情况下，或许我们能采取的最好办法就是像阿甘那样：停止学习，或者放下不愉快的情绪，去做一些自己比较喜欢的体育运动，如跑步、打球等活动。运动不仅有利于我们的身体健康,而且还具有解除大脑疲劳、振奋精神、调节心理状态等神奇功效。

没有规定说哪一种运动方式最好。有的人喜欢像阿甘那样跑步,有的人则喜欢骑车,还有的人喜欢滑冰、跳舞或做操。

不管是什么运动,只要勤加练习,就能帮助维持自己的健康。当然要注意到,如果运动过度,会造成疲劳,反而有可能会失去健康;若花大量时间运动,没有顾到学习和其他事情,也会适得其反,所以凡事一定要适可而止。一般来说,每星期运动三次左右,每次锻炼的时间在20至30分钟之间,长期坚持下去,就能收到良好效果。

生命在于运动,多做锻炼不仅有助于你强健自己的身体,更能让你体会生命的可贵,更加的珍惜生命。

4. 凡事多动手

有些能力,需要你自己去动手才能逐渐培养起来,也才能体会其中的乐趣和成就感。

小潘妮4岁,一天她的妈妈买回了日用品,正在厨房打开冰箱,把鸡蛋放在冰箱里。小潘妮本来跪在厨房的桌子上看着妈妈把买来的食品拿走,当妈妈把放鸡蛋的盒子从冰箱里拿出来放在桌子上,然后把鸡蛋从买来的食品袋中拿出来，潘妮便伸出手去抓盒子，也想帮着把鸡蛋放到鸡蛋盒里，"别动！潘妮，"妈妈大声叫道，"你会打碎它们的，最好让我来做这个。亲爱的，等到你长大一点儿再来帮忙好吗？"

妈妈无意中打击了潘妮的自信心。她所得到的印象是她太小了，根本不可能做这样的事情。由此及它，潘妮会放弃许多努力，乖乖地等待"大一点儿"这个时刻到来。其实一个两岁的小孩儿，只要她小心，是可以把鸡蛋放好的。如果我们看到孩子完成这项工作以后，脸上是多么兴奋地发着光，我们就会懂得这一点一滴对孩子的成长是多么重要！

小保尔的鞋带开了，但他怎么也系不好，然后就坐着等妈妈过来帮忙。后来，他干脆不想自己动手，只要遇上类似情况，他就大喊妈妈，妈妈很有耐心地为他系好了鞋带，一次又一次。这时的保尔会感到什么呢？他会感到他自己真的是太笨了，而妈妈真的是有魔力，能那么快就把鞋带系好。这样，保尔得到的信息又是什么呢？他觉得，算了吧，我没办法和妈妈相比，我不用努力了，以后不但鞋带需要妈妈来系，衣服也让大人给我穿吧，这样更加方便一点。

在孩子的婴幼儿时期，面对着大千世界，他们常常感到束手无策。但是，仍然有勇气进行各种尝试，要学习各种方法，以使自己适应，使自己能够融入这个世界中。但是在这个时候，我们成年人往往无意之中给他们设置了许多障碍，而不是帮助他们。我们这样做的根本原因是不相信他们的能力。

在我们的意识中已形成一定的偏见，如认为只有在某一个年龄阶段，才能做某一种事情。比如一个2岁的孩子，如果帮助我们收拾桌子，当他手中拿到一个盘子的时候，妈妈会很快地说："不要动它，你会打碎它的。"这样你可以保存好那个盘子，但是你的举动在孩子的内心投下了阴影，而且推迟了他的某种能力的发展，或许你阻止了一个小天才的产生。大人们常常不经心地向孩子们展示自己多么有能力、有魄力、有气力。我们的每一句话，像"你怎么把房间搞得这么乱"，"你怎么把衣服穿反了"这类话，都会向孩子们显示他们是多么的无能，是多么的缺乏经验。我们这么做就会使他们慢慢地失去了信心，失去了自己努力去探索、去追求、去锻炼自己的自觉性，忘记只有通过各种锻炼和闯荡才能使自己成为一个有用的人。作为家长我们常常有一种先入为主的概念，认为孩子到了某种年龄，才能做某种事情，否则的话，他就是太小，太缺乏能力，不能做这类事情。而往往孩子在那个时刻是可以做得很好的，我们却人为地推迟了他学会本领的时间。而且最关键的是我们的这种做法，会使孩子失去自信，怀疑自己的能力，减弱他们的进取心。

孩子在试着做事情时，难免要犯错误，这时做家长的要有意识地赏识孩子，避免用任何言语或行为向孩子表明他是个失败者。不能在孩子脑中留下他是"笨蛋"的印象。

父母不可能给你所有的东西，也不可能永远地保护着你，所以你一定要学会用自己能力追求你想要的东西。

5. 主动形成良好的生活习惯

良好的生活习惯是孩子学习的保证，对女孩来说，更是如此。

孩子要养成良好的生活习惯，不能只靠父母的督促，最主要还是自己要付出努力，良好习惯的养成虽然不容易，但比起改正已经有了的不良习惯相比，还是相对容易些。

一些母亲在谈起自己的女儿已经上了高年级了，还要自己去帮助洗脸，洗脚，叠被子等，这除了说明女儿自理能力差外，妈妈的教育方法也确实欠妥当。其实，从女儿两岁时就可以开始培养她的生活习惯。上小学时就应当要求她起床后把被子叠好，放学后把书包放好，饭前饭后要洗手，要按时睡觉、按时起床等等，从具体的小事培养女儿有条不紊、有始有终地做事情。女儿养成良好的生活习惯，会促使她们提高自主学习的效率，对她们自觉主动地学习产生良性的诱导。当然，培养女儿良好的生活习惯并不是轻而易举的事，母亲要有耐心，要有"长期作战"的心理准备。

生活习惯养成了，学习习惯也会自然而然地培养起来。一般情况下，学习习惯不良的女孩子，其日常生活也往往杂乱无章。如果只注重学习而忽视了生活习惯的培养，犹如一条腿走路是走不远的。只有把培养生活习惯和培养学习习惯双管齐下，才能明显见效。一旦形成了良好的生活习惯，不好的学习习惯也就很容易克服了。

培养女儿的良好生活习惯，妈妈要处处以身作则，因为成年人的一举一动，都会影响孩子。比如，你要求女儿每天起床叠被子，那你首先要每天及时把被子叠好；让她随时摆放好物品，你首先要有个有条不紊的习惯；要促进女儿养成良好的学习习惯，自己当然要率先勤奋学习。

行为习惯一旦形成，它就要支配人的行为过程，影响人的精神面貌，要想改变它是十分困难的。当然，不良习惯是可以改造的，但需要付出很大代价，要花费母亲巨大的精力。所以，应当及时发现和改正女儿的坏习惯。应当说，适时培养女儿良好行为习惯是一种投入少、效益大的教育策略，应大力提倡。

好习惯造就孩子的好人生。培养女儿养成良好的生活习惯要及早及时进行，对于她生活中的陋习要及早及时纠正。

生活习惯的好坏往往能决定你学习的效率，在这方面妈妈虽然可以帮助你培养，但关键还是要靠你自己自发的去形成。

6. 要远离不良的生活习惯

生活中的不良习惯一旦形成，而又不及时加以纠正，那么经过一次次的强化，便会变的根深蒂固，再也难以纠正。这不仅会妨碍女儿的正常学习还会损害她的身心健康。

儿童时代形成的不良习惯，如不及时纠正，到了成年才想去改变就非常难了。不良习惯会给人一生带来许多不利，不仅妨碍工作和生活，还会损害人的形象。孩子年龄尚小，可塑性大，是培养良好习惯的好时机，也是纠正不良习惯的好时机。

不良生活习惯对孩子成才的危害是十分严重的，这主要表现在三个方面：

（1）不良习惯使精力分散，学习受干扰

有着好吃懒做、滥用化妆品、看电视和玩电子游戏入迷等不良生活习惯的孩子，他们不可能有心思去做应该做的事情。因为他们没有心思学习，因此多数是学业上的落伍者。

（2）身体受损害，精神不振奋

儿童身体发育是有规律的，人体自有"生物节律"，可是有爱睡懒觉、挑食等不良习惯的孩子却根本不顾身体发育的需要，随心所欲。身体素质差、精神萎靡不振、烦恼和失望时时相伴，贪睡症、焦虑症等便随之而来。

（3）生活能力脆弱，经不起风雨

人生道路是不平坦的，生活中并非都是歌声与微笑。那些存有无病呻吟、离群索居、任性固执、花钱如流水等毛病的孩子，小时候得不到克服各种困难的锻炼，将来脱离父母的监护后就会感到事事不如意，到处是麻烦，甚至失去生活的勇气和信心。娇生惯养是孩子形成不良生活习惯的直接原因，所以家长必须注意改进家庭教育的方法。

（1）要帮助孩子深刻认识不良生活习惯的危害

一般地说，有不良生活习惯的孩子都没有正确的生活价值观，他们觉得生活就是享乐，怎么样舒服、快活就怎么样做。有的甚至自以为了不起，别人都是傻瓜，对于成年人的批评毫不在意。这种错误认识不改变，就不可能改正不良习惯。为此家长要注意用生动、具体的事例说明不良生活习惯的危害，真正打动孩子的心灵。

（2）采取针对性的措施制止孩子的错误行为

不良生活习惯一旦形成，就会反复地出现。为此，家长应该采取一些具体的措施来帮助他们克服。如花钱无度的孩子要钱时，必须问清楚用途和数目，再决定给不给和给多少，过后还要追问孩子是如何花钱的，收回孩子剩余的钱。让有严重不良生活习惯的孩子到较艰苦的地方去锻炼，更换其居住、生活的条件，也能促使他改掉坏习惯。现在北京等大城市的不少家长，把孩子送到条件艰苦的县城求学，不能不说是一种明智之举。对有些孩子还可以用"激将法"。

巴西球王贝利童年时曾染上吸烟的恶习。有一次他正在抽烟，爸爸过来看见了，吓得他把烟头捂灭。然而，父亲却像老朋友似的对他说："你踢球有点天分，要是吸烟损坏了身子，球就踢不好了，这事你自己决定吧！要是你还要抽，最好抽自己的，老讨别人的烟很丢人！"说着把仅有的几张钞票递给了他。小贝利感动极了，从此他在绿茵场上驰骋了几十年，再也没有吸过一根烟。

（3）通过制定家规来约束孩子的行为

儿童时期孩子的自我控制能力较弱，有的已经改正的坏习惯还可能再犯。为了巩固孩子纠正不良生活习惯所取得的成绩，促使其沿着正确的方向不断进步，可以制定一些家庭生活规范，使孩子的行为有所约束。家规的规定要发扬民主，由全家人讨论制定，对孩子既要有约束作用，又要符合实际情况，使孩子经过努力可以做到。家规制定出来以后，一定要严格执行，定期总结；还要在执行家规的同时，改善家庭的软环境，家庭成员之间要互相尊重、互相关心。

要纠正孩子的不良习惯，父母必须有明确的意识、科学的方法和足够的耐心。其中，增强孩子的自我控制能力才是解决问题的根本所在。

不良习惯可能会让你的一生蒙受污垢，造成难以弥补的错误，因此一定要远离它，一旦染上，也要马上予以纠正。

7. 要培养独立生活的好习惯

　　　　自己能够做到的，就应该自己去做，父母不可能为你做任何事。

　　现在的家庭多数只有一个孩子，几代人的关心与爱护都集中在一个孩子身上。因此在家里，没有成人一勺一勺地喂饭，孩子就不肯自己进食；没有成人陪着、拍着睡觉，孩子就又哭又闹不能入睡；就连和小朋友玩耍时也要求父母跟着；早晨起床后不叠被子，吃完饭不知道刷碗，上学忘了带学习工具也要责怪是家长没有提醒他们。如果孩子有这些类似的问题，家长就不得不思考孩子的依赖性是否太强了。依赖性强的孩子，大多数缺乏责任心，遇到一点困难就想到让父母替他去做，这种依赖心理对孩子的成长非常不利。

　　1989年7月10日，四川省的一位青年从6楼阳台跳下身亡，这位青年是某名牌大学计算机专业的学生。

　　在别人眼里，他一直非常优秀。从小学到高中，学习成绩一直排在最前面，每次考完试，他都会问老师："这次考试谁是第二？"因为他很坚信，第一名肯定是属于他的。如此出众的学生，自然深得老师的称赞，父母的厚爱。为了让他能够集中精力学习，他的父母可谓是操尽了心，除学习之外的任何事情，父母都会代替去干：吃饭时，妈妈会及时地把饭端到他的手边；衣服脏了，当然也是妈妈的事；笔记本用没了，也是妈妈为他去买，他习惯了"饭来张口，衣来伸手"的生活，而且有时还为自己的这种生活而沾沾自喜。事实上，到了十七八岁，早应具备洗衣、做饭这些最基本的生活技能，但他和别的孩子不一样，他没有学得这些能力。

1988年7月，他参加高考，以全县第一，全省第二的优异成绩，考取了北京某名牌大学，那是他梦寐以求的学校。这一喜讯，给家里带来了前所未有的欢乐，亲朋好友们无不夸他聪明。同年的9月，他和其他刚入学的学生一样，无比兴奋地来到了首都北京。然而在大学生活开始不久，他就表现出了困惑，他不会买饭，不会洗衣，甚至常常找不到上课的教室，不知道该怎样和同学相处。虽然好心的同学也在不断地帮助他，但还是难以解决他的适应问题，这令他万分苦恼。无奈之际，他只好提出了休学，学校根据他入学以后的表现也同意了。

第二年的7月份，学校及时地寄去了复学通知。收到通知的他，没有丝毫的兴奋，反而产生了无比恐惧，他害怕再次离开父母，他担心自己依然不能适应学校的生活，在这种思想的驱使下，他便从6楼阳台跳下，结束了年轻的生命。

这一事例不能不引起我们的反思，在教育孩子的过程中，我们是否也有意无意地包办了孩子很多力所能及的事情，在重视孩子学习成绩的同时是否忽略了培养孩子的生活能力。我国著名教育学家陈鹤琴先生曾说过："凡儿童自己能够做到的，应该让他自己做；凡儿童自己能够想的，应该让他自己去想。"这是一句符合教育规律的至理名言。具体而言，在纠正孩子过强的依赖性方面，建议家长从以下角度入手。

尽可能让孩子做力所能及的事情，培养孩子自己动手的习惯。家庭教育的目的不是让孩子过上舒适安逸的生活，而是要培养孩子各方面的能力。因此父母要转变观念，从小就开始培养孩子自立、自主的精神，孩子的生活起居，能放手的就不要包办。家长们不妨尝试一下美国家庭的做法：美国的婴儿从一出生就单独睡觉；孩子会捧奶瓶了，母亲让他自己捧奶瓶吃奶；吃完奶就把孩子放在大便椅上让他自己大便；之后，让孩子在有围栏的床上自己玩；孩子学步的时候，也是他自己扶着学步车走。长大后，一切自我服务，还得帮忙干一些家务活；孩子在7岁的时候就开始学着自己挣钱；13岁的女孩，包揽全家衣服的洗涤，按社会价格收费；18岁以后，就完全独立。

提出的要求应该和孩子的能力相符合。在培养孩子动手能力的时候，要按孩子的年龄、能力的发展程度对孩子提出适当的要求。如果要求过高，难度过大，会使孩子产生畏难情绪、自卑心理，要求过低又不能激发孩子的兴趣。实际上，在幼儿期，伴随着孩子生理的发展，他们的肢体活动能力增强，相应地自主性也开始发展，独立性渐渐增强，这时是父母帮助孩子形成良好习惯的适当时期。父母要坚持给孩子提出一些要求让他们自己完成。当儿童看到自己双手完成了很多事，他们的自信心和责任感便会增强，从而减少对父母的依赖心理。

运用一定的策略改变孩子已形成的依赖心理。父母一旦发现孩子有依赖性，就必须及时地给予纠治。首先要了解孩子依赖心理形成的原因，以此为基础，使用一定的策略也是十分必要的。例如，很多孩子每天早上的起床问题让父母费不少心思，一次又一次地叫孩子起床，可孩子总赖在床上不起，一旦迟到了，反而会责怪父母没有及时把他们从床上拉起来。面对这样的情况，一位父亲就对女儿说："上学是你自己的事，晚上睡觉时上好闹钟，早晨自己起床，没有人再叫你了，迟到了由自己来负责。"当然这位父亲对女儿是很了解的，他知道女儿所想的。第二天，闹钟一响，女儿果然立即跳下了床。这位父亲很了解自己的女儿，运用一个小技巧，就很轻松地改变了孩子的依赖心理，他的做法也是值得我们借鉴的。

独立生活是你早晚都会面对的，因此，从现在起，你就应该一步步的培养这种习惯。

8. 摆脱小皇帝、小公主的角色

父母亲人对你的爱是一种责任，但更是一种发自内心的情感，你不能将它当成理所当然的事，要有所回报，有所节制。

一位小学三年级学生放学回家，看到父母精心为他准备的晚餐，略扫一眼，就大发雷霆，说没有一样菜是他喜欢吃的，非让父母陪他下饭馆。父母带着"爱子"到了一个装修考究的饭庄，让他自己点了几个菜，而他们心甘情愿地充当了"伴吃"的角色，脸上还美滋滋的。一个五年级学生，到了该上学的时间还赖在床上，父母无奈，急匆匆跑到学校，恳请老师到他家去一趟，劝孩子起床上学。

1996年2月19日，天津市发生了一件耐人寻味之事：一个8岁男孩因嫌奶奶给压岁钱太少而大发雷霆，致使祖母气急昏倒。这位男孩的奶奶王老太太，平时靠扎纸盆为生，手头没有什么积蓄。她考虑到下面有5个孙子、孙女，便决定每人给20元压岁钱。这个8岁的孙子和父母到奶奶家拜年，见奶奶只给20元压岁钱，心里就不高兴，非让奶奶给一张100元的大票子，气得奶奶心脏病复发倒在沙发上，继而昏迷不醒，被家属紧急送往医院。经过两个多小时的全力救治，老人才脱离了危险。

相对山东某地一对夫妇而言，王老太太还算幸运，因为她毕竟从死神手中挣脱出来了。这对山东夫妇年过30才喜得千金，对其独女极为溺爱，致使女儿虽只有6岁就养成骄横的性格，稍不如意就大哭大闹，对父母大出拳脚。后来为了一根冰棍，这个6岁独生女竟把母亲毒死。父亲一气之下把女儿掐死，自己也悬梁自尽，好好的一家三口人都葬送在溺爱之中。

英国有一句谚语："娇养不能成大器。"事实上，家长是不能保护孩子一生的，当然也不应试图这样去做。现实告诉人们，做家长的应摆正自己的教育观念，不能将对孩子的责任伸延得太长太宽，从而形成畸形的教育。在关爱孩子的幌子下，放纵孩子，娇惯孩子，使他们在父母无限宽大的温床上，完全丧失了做人的准则，甚至走上歧途，这样的教训难道还少吗？

"严是爱，娇是害。"愿天下的父母牢记这条古训，也愿天下的儿女懂得其中的道理。

不要把父母亲人的宠爱当成很必然、很理所当然的事，要知道过分的娇纵必然造成你过于绝对的性格和太过依赖的生活方式。你一定不能做个"小公主"。

9. 要学会储蓄

存钱与花钱是一对不可分立的矛盾体,而处于你现在这个年龄段,生活中对钱的观念应该是以存为主,学会储蓄,有计划地将自己的钱存起来,以备不时之需。

看看华尔街股票大王的幼年经历,你或许就会对储蓄的益处有所了解了。

被称为股票神童的司徒炎恩14岁便扬名华尔街。9岁时在妈妈的生日,司徒炎恩送了一个生日卡送给她,写道:"我没有钱买礼物,但我可教你如何投资。"另外写了一封信,说如果有几十元钱可以买股票,有4000多元钱便应该买房子出租。他十二三岁就想自己买股票,结果,股票行不让儿童买股票,到14岁那年,司徒炎恩用储蓄下来的100美元买了一家电脑软件公司的股票,股票价格大涨,3个月之后,他把股票卖掉,净赚800美元。1993年在父母的同意下,他向家人、亲戚及要好的朋友借钱,共集资2万美元,成立了自己的基金公司,15岁的司徒炎恩成为该基金公司的经理。

3年之中,他的基金每年均有3成多增长,1996年达到4成增长。后来,他父亲把自己10多万美元的退休金交他管理,这位年轻的基金经理正管理着20万美元,他打算积极吸纳投资者,5年赚到2000万美元。

从股票神童司徒炎恩给妈妈的生日礼物，可以看出西方有些孩子有较强的金钱观，甚至高过上辈人。司徒炎恩生在著名国际大都市的香港，长在商品经济高度发达的美国，金融中心的香港和拥有占全国人口40%的股民的纽约对司徒炎恩有巨大的影响和熏陶，纽约金融中心——曼哈顿，以及全球最大的证券公司——美林公司是他成长的土壤。司徒炎恩经常出入曼哈顿，在美林证券公司打工，为他成长创造了良好的外部环境。

美国有一本畅销书叫做《钱不是长在树上的》，这本书的作者戈弗雷在谈到储蓄原则时指出：孩子们可以把自己的零花钱放在3个罐子里。第一个罐子里的钱用于日常开销，购买在超级市场和商店里看到的"必需品"；第二个罐子里的钱用于短期储蓄，为购买"芭比娃娃"等较贵重物品积攒资金；第三个罐子里的钱则长期存在银行里。为了鼓励孩子存钱，可以陪孩子一起去银行存钱，并以孩子的名义开一个户头。当孩子在铅印的存单或存折上见到自己的名字时，会使他们感到自己长大了，变得重要了。银行的另一个好处是：它能使孩子们充分理解钱并不是随便地就可以从银行里领出来，而是必须先挣来，把它存到银行里去。以后才能再取出来，而且还会得到多出原来存入的钱的利息。

既然储蓄是如此的重要和有益，那么，你要如何才能拥有这种好的生活习惯呢？妈妈给你的建议是：

（1）把储蓄放到优先位置。或许你会和大人一样，总喜欢将储蓄延后，结果想存时才发现根本无钱可存。所以你应该在花钱之前先把钱存起来。你可以在家里的"银行"开一个"户头"，用你的名义，然后妥善保管你的"存折"，这样慢慢把存放起来，并使之逐渐增加，那么你的储蓄习惯就很容易养成。

（2）为特定目标设定期限。如果你想存钱买复读机，就应该找好要买的品牌和价格，然后在上面写上希望购买的日期。用磁铁把这些钉在冰箱门上或钉在你的卧室的门上，让自己能时时看到自己的目标。

（3）和父母分享"骗自己存钱"的技巧。每周存下部分的零用钱（父母的话则是薪水）；将所有在节庆时收到的"压岁钱"都存起来；少花点钱在自己身上多为父母做事；在有时间把钱花掉之前先存起来；和同学、朋友共吃一盒爆米花，而不要自己吃一整盒；尽量少放钱在口袋里。

（4）知道金钱的来之不易。你应该知道，你现在拥有的有形和无形的金钱都是爸爸妈妈辛辛苦苦工作挣来的，要珍惜它，不要随便浪费掉，要知道金钱的来之不易。

（5）合理地使用"零花钱"。可以制定一个计划，什么东西是必要的，急需的，应优先考虑。随着年龄的增加，你会有一些可以自己支配的零钱，这个时候你的花销，要合理的安排。

你很应该让储蓄成为你自身的一种习惯，从现在起就开始培养，那么它可能会成为你一生的财富，因为无论是什么样的习惯，一旦自小养成，那便很难再丢掉，储蓄自然也不例外。

10. 要养成善于和他人合作的好习惯

　　在今天乃至未来的社会，合作精神是人们在工作时所必须具备的一种能力。退一步讲，现在的你，同样也需要学会与他人合作，这样，你的学习和生活才会更有效率。

　　到郊外野餐是美国孩子们十分喜欢的假日活动之一。劳动节的周末，威尔逊和埃迪的父母要带他们去州里的国家公园爬山然后野餐。临行的前一天，一家4口人商量该如何进行准备：妈妈负责去超市买食品，爸爸准备烤肉的炉子，9岁的威尔逊提出负责所有餐具，11岁的埃迪负责准备调料。爸爸提醒他们是否列出一个单子，一则防止遗漏，再则若家里不够的物品，可及时去买。威尔逊很快就列出了单子，请爸爸过目，随后便开始准备；而埃迪却跑到外面找邻居的孩子玩。爸爸警告他带齐调料，否则野餐不会好吃。埃迪一边往外跑一边说："放心吧，我会带好的，别担心。"爸爸不大相信他会准备齐全，想自己来做，转念一想应当给埃迪一个锻炼机会，不要越俎代庖，于是便没有再督促埃迪。而埃迪也很开心地玩到很晚才回来，到厨房里忙了一会儿，搞出来一袋子瓶瓶罐罐，便上楼回房去睡了。

　　第二天一早出发，爸爸并没有再检查埃迪的准备工作，一家人高高兴兴上路了。走了2个小时的山路，选好了野餐的地点，大家开始准备午餐。

等肉烤熟后，每人倒了一杯饮料，整理好盘子，围着野炊点的木制桌椅坐下，开始往烤肉上倒调料。"埃迪，烤肉汁在哪里？"埃迪伸手到袋子里去找，怎么也找不到。"我记得从冰箱内拿出来的，怎么会没有？""你有没有列在单子上？""我没有列单子，我记得我把所有的调料都拿出来了。"埃迪又翻了一遍，大家都在那里等着。埃迪最终没有找到，不觉惭愧地低下了头。

这样的经验教训是深刻的。埃迪知道由于自己的疏忽，不但影响了自己，也影响了别人，使这次的活动丰富精彩大为逊色。这时爸爸并没有说一句责怪埃迪的话，但整个形势本身对他的教育已比任何话语更有效。妈妈和爸爸有没有想到埃迪会忘掉一些东西呢？完全可能，或者说是在他们的意料之中。如果爸爸出面督促埃迪按列出单子准备，让威尔逊去做，情况会怎样呢？首先埃迪会感到爸爸不信任他有能力料理这件事，自尊心会受损；再者爸爸反复督促，会使埃迪感到很大的行动限制，有为人所驱之感。这两项加起来就会产生抵触情绪，极可能甩手不干，或与爸爸短兵相接一场，让大家都不愉快，最后所有的事情还是需要妈妈来做。爸爸即使成功地迫使埃迪按照自己的方法去做了准备，野餐因此而毫无缺憾，但埃迪并没有学到任何经验与教训，反倒加深了对爸爸的强制方法的反感。

合作精神已是当今世界知识性人才所必须具备的重要表现之一。而在你未来的生活中，它会显得更加重要，有见于你现在身上的某些独生子女共有的缺点，比如，任性、脾气大、与他人合作能力差等，你实在很有必要从现在开始就主动地去学习与他人合作。

要培养自我的这种合作能力，你应该从以下几点做起：

（1）帮助父母创造一种良好的家庭氛围。在一个整天争吵不休的家庭，很难养成一种与人和谐相处的态度。帮助父母把家庭成员之间的关系处理得恰当、合理。对邻居、对来客都要热情、平等、谦虚、有礼貌。以父母为楷模，你就会逐步养成尊重别人、爱护别人的良好品德。

（2）树立平等观念。你应该树立平等的做人观念，并在此基础上做事，要懂得，在人格上，人与人之间永远是平等的。遇事要无私，要言而有信。只有这样，人与人之间才能互相信赖、和睦相处。你一定要要求自己做到，严以律己，宽以待人，只有这样，你才会主动地去与人合作。

（3）多参加集体活动。那些"以我为中心"的孩子，开始在集体活动中很难与同龄伙伴和睦相处，只有碰了几次钉子以后，才会意识到在集体活动中一定要想到他人。

（4）训练合作思维的方法。要使你所想的不仅仅是自己需要什么，而是整个活动、整个家庭需要什么，训练你的合作思维方法，就不能过多地依赖父母，虽然这是一种天经地义的合理要求，但是它却意味着你是依靠于人，而不是与人合作的。

（5）尽量多的尝试与人合作。在你现在这个年龄中学到的知识、培养的精神，往往都会渗透到你们一生的性格中去，而在长大后还会带入社会。一个懂得合作精神的人会很快适应工作岗位的集体操作，并发挥积极作用；而不懂合作的人在生活中会遇到许多麻烦，产生更多的困难，往往会显得无所适从。

悄悄话

与别人一起合作可以做出你一个人所不能做成的事情，将你的智慧、双手、力量与别人地结合在一起，这种合作所产生的力量几乎是万能的。

11. 培养良好的生活习惯

　　习惯是非常顽强而巨大的力量。它甚至可以主宰你的人生。因此，从现在开始，你就应该多去建立好的习惯，而戒除那些不良习惯。

　　习惯的力量是非常巨大的。好的习惯能让你终生受益，而坏的习惯则会给你带来一生的折磨。每个人都受到习惯的束缚。习惯是由一再重复的思想和行为所形成的。因此，只要能够掌握思想，养成正确的习惯，你就可以掌握自己的命运。这是我们每个人都可以做到的，你当然也有能力养成好的习惯，去除坏的习惯。

　　一粒橡籽可以长成橡树，一粒松子萌芽会长成松树。大自然从来就不会出差错，让橡籽长出松树或是让松子长成橡树。这些都是我们所能见到的事实，然而我们却不容易看出来是一种习惯的力量造就了它们。同样的力量，使我们养成了习惯之后就不再改变。每个习惯的养成其实大多都是为自己的欲望所驱使。

　　看看下面这个人的经历。有一个时期，这个人在工作中遇到了一些挫折，抽烟很凶。有一天他外出办事，那天正好下着大雨，地面特别泥泞。开了好几个钟头汽车之后，他在一个小城里的旅馆过夜。吃过晚饭后他回到自己的房里，很快就入睡了。

凌晨3点他醒了过来，想抽一支香烟，打开灯，他自然地伸手去找他睡前放在桌上的那包烟，发现是空的。他下了床，搜寻衣服口袋，结果毫无所获。他又搜索了他的行李，希望其中某一件衣服里能发现他无意中留下的一包烟，结果他又失望了。他知道旅馆的酒吧和餐厅早就关门了，心想：这时候要把不耐烦的门房叫过来，后果太不堪设想了。他唯一能得到香烟的办法是穿上衣服，走到火车站，但火车站至少在三公里外。

情形看起来并不乐观，外面仍下着雨，他的汽车在离旅馆尚有一段距离的车房里。而且，别人提醒过他，车房是午夜关门，第二天早上六点才开门。这时能够叫到计程车的机会也将等于零。

显然，如果他真的这样迫切地要抽一支烟，他只有在雨中走到车站，但是要抽烟的欲望不断地侵蚀他，并越来越迫切。于是他脱下睡衣，开始穿外衣。他衣服都穿好了，伸手去拿雨伞，这时他突然停住了，开始大笑，笑他自己。他突然体会到他的行为多么不合逻辑，甚至荒谬。

他站在床边寻思，一个所谓的知识分子，一个所谓的商人，一个自认为有足够的理智对别人下命令的人，竟要在三更半夜，离开舒适的旅馆，冒着大雨走过好几条街，仅仅是为了得到一支烟。

他生平第一次认识到这个问题：他已经养成了一个不可自拔的习惯，他愿意牺牲极大的舒适，去满足这个习惯。这个习惯显然没有好处，他突然明确地注意到这一点。他头脑很快清醒过来，片刻就做出了决定。

他下定决心，把那个依然放在桌上的烟盒揉成一团，扔进废纸篓里。然后他脱下衣服，再度穿上睡衣回到床上。带着一种解脱，甚至是胜利的感觉，他关上灯，闭上眼，听着打在门窗上的雨点。几分钟之后，他就进入了一个深沉、满足的睡眠中，自从那天晚上后他再也没抽过一支烟，也没有抽烟的欲望。

他还说，他并不是利用这件事来指责香烟或抽烟的人。常常回忆这件事，仅仅是为了表示，以他的情形来说，被一种坏习惯制服，已经到了不可救药的程度，差一点成为它的俘虏。

孩子，如果你想要获得事业上的成功和生活的快乐，你就一定要明白习惯的力量是如何强大，你要养成良好的习惯，同时还要随时警惕，去除那些危害你的身体健康和生活快乐的坏习惯。

一个优秀的女孩子的生活一定是很有条理的。如果你多费一点时间和精力，把你的事情安排好，把你的东西摆放整齐，当你再继续下去时，再要把东西找出来时，真不知要省去多少时间和精力，更不知要省掉多少无谓的纠缠和烦恼。

从现在开始，你就应该培养生活中良好的习惯使自己具备的高尚的情操和优秀的品质。这些东西一旦在你的身上形成，那你必将能获得很多很多的快乐与幸福！世界上没有什么投资能比培养好的习惯这件事更合算，更值得的了。它能将永恒的喜悦带进入的生命，并将人的生命染成彩虹一般美丽。它不但能增加你的快乐，而且还能提升你的品格。你能够爱美好的东西，那你的生命中就自然会含有美的成分；美的思想与美的理想就自然会显露于你的外表与行动之中。

好的生活习惯很多，但以下两点是你最值得培养的。

守时和敏捷。一个人做事常常不准时，赴约常常迟到，付款常常延缓，那在社会上，就不会再有人信任他。他的内心也许很忠诚、很可靠，但别人可管不到这一点。在社会上，从事事业最看重习惯，就是"准时"与"敏捷"。所以凡是不能敏捷做事，不能准时履约的人，一定得不到他人的信任。即使他有着别的良好的品质，诸如忠诚、慷慨等等，也不能弥补其在行动上的迟缓。

此外，讲卫生也是你一定要具有的好的生活习惯，固然它不能治疗

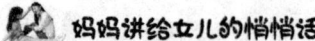

疾病，但是却能预防疾病。如果你能合理安排自己的生活，安排适当的食物，就不至于生病。如果能够数十年孜孜不倦地坚持身体锻炼，保持乐观的态度，就一定能保持身心的健康，并且获得事业上的成功。

好的习惯一旦养成，便用不着去记忆，也能自然而然地发挥作用。

第六章
讲究礼仪，女孩应该学会的

"世界上最廉价，但能得到最大收益的一种事情就是礼仪。"你要想获得成功，就必须懂得注重礼节、讲究礼仪的重要性。不仅如此，具备应有的礼仪也是对人生负责的一种表现，是一种最高的智慧，它往往比一切学识都重要。

1. 以微笑待人

　　微笑不仅可以给人以美的享受，它还可以消除烦恼，使你获得快乐、轻松和自信，甚而有助于促进你的身心健康。

　　在一次宴会上，其中的一位客人，她刚获得了一笔数量可观的遗产。她似乎急于给人留下一个良好的印象，她花了很多钱买了华贵的晚礼服、钻石和珍珠，可是她却没有注意到自己脸上的表情。她那副神情，显得那么刻薄、自私。她不明白男士们所赏心悦目的，是女士们表情中所表现出的那份气质、神态，而不是她那副雍容华贵的打扮。所以她很尴尬地在那待了一个晚上，根本没有男士邀请她跳舞。

　　在人际交往中，微笑是最能拉近彼此距离的一种表情；也是一种最能令人愉快的表情，它表达是一种热情而积极的处世态度。一个热爱生活的人，一个乐观豁达的人，微笑是他显露最多的表情。微笑也是人所拥有的一种迷人气质，在社交中有很重要的作用。

　　微笑能散发出人们无法阻挡的魅力。请人帮忙时，面带微笑，别人几乎无法拒绝你的请求；感谢别人时面带微笑，别人会打心底的领受你的感激之情；心情郁闷时，微笑会让你的烦恼烟消云散；开心快乐时，微笑会令你幸福如花怒放。微笑可以溶解客人的拘谨。客人来访，由于陌生和羞涩，一般都会有些拘束。而主人一面与客人亲切热情的交谈，一面神情愉悦地微笑，可以使客人紧张的情绪得以放松，感到温暖亲切。微笑还可以缓解尴尬紧张的气氛。有时在某种场合，一个人被另一个人嘲笑时；自己做错了事，气氛紧张时，善于社交的人都能用适时微笑或开个玩笑或说一个幽默，转移视线，以缓和气氛，解除僵局。微笑也可以帮助你拒绝他人。由于种种原因对于别人的请求不好拒绝时，板起面孔又必然得罪别人，这时候用微笑婉言拒绝，对方就很容易心悦诚服地接受。

微笑是自信的象征，是礼貌地表示，是坦然的标志。假如有两个人站在你面前，一个人面带微笑，另一个冷若冰霜。你肯定愿与第一个人交往，而不愿与第二个人交往。因为第一个人给人的感觉是值得信任，可以接近，对自己足够尊重的。

很多人都在追求幸福，很多人感觉到自己不幸福。其实要得到幸福，只需要控制你的思想就行了。当然这并不是件容易的事。幸福并不是依靠外在的物质情况，而是依靠内在的精神情况。决定你幸福或不幸福的，不在于你有什么，你是谁，你在什么地方，你做什么，而在于你拥有一个什么样的思想。例如说，两个人也许在同一个地方做同样的事，双方也许拥有等量的金钱和声望，但其中之一也许难过，另一个很快乐。为什么呢？因为两个人的思想不同。

孩子，在你每次出门的时候，把下巴缩进来，头抬得高高的，朝气蓬勃的，沐浴在阳光中。以微笑来招呼你的朋友，每一次握手都要使出力量。不要担心被误解，不要花哪怕是一分钟去恨你的敌人。试着在心里肯定你所喜欢的是什么，然后在清楚方向之后，勤奋努力地去做，你就会径直地奔向成功。思想正确，就等于是创造。一切的事物，都来自于希望，而每一个发自内心、诚恳的微笑都能让你对希望更具信心。

微笑吧！它会让你的生活充满阳光，并驱散你生活中的所有苦闷、烦恼、焦躁……

2. 适度赞美能让你更加成功地做人

做人要成功，千万不能吝啬赞美的语言，爱听赞赏是一个人的天性。心理学家证实：心理上的亲和是别人接受你意见的开始，也是别人转变态度的开始，因此，与人沟通时一定要多用赞美。

在你与别人的交往中，几句适度的赞美对成功做人来说必不可少，一个人总想客观的了解自己，又想得到他人的认同，如果为他人所赞美，他往往会有种成就感，也往往对赞美他的人产生好感。

某市文化公司要建一座现代化的写字楼。这一天，公司王经理在办公，家具公司的李经理找上门来推销办公家具。

"哟，好气派！我从来没有见过这样漂亮的办公室。如果我有一间这样的办公室，我这一生的心愿就都满足了。"李经理这样开始了他的谈话。他用手摸了摸办公椅扶手，说："这不是红木吗？难得一见的上等木料哇！"

"是吗？"王经理的自豪感油然而生。说罢，不无炫耀地带着李经理参观了整个经理室，兴致勃勃地介绍设计比例、装修材料、色彩调配，兴奋之情，溢于言表。

不用说，李经理顺利地拿到了王经理签字的办公室家具的订购合同。他达到了目的，也给了王经理一种心理上的满足。

李经理成功的诀窍，就在于他了解交往对象。他从王经理办公室入手，巧妙地赞扬了王经理所取得的成绩，使王经理的自尊心得到了极大的满足，并把他视为知己。这样，办公家具的生意也就自然非李经理莫属了。由于人有自我意识，所以接受任何东西，哪怕是最中肯的劝告，也要受情绪和情境的影响。人向来注意外界对自我的评价。赞美这种外界评价，就有助于创造良好的情境和情绪，从而有利于事情的解决。

美国管理专家查尔斯·施瓦布被认为是一个钢铁业的天才，他在当时每天可以领3000多美元的薪酬，年工资为100万美元。但事实上，查尔斯·施瓦布自己这样认为："我认为我所拥有的最大财富是我能够激起人们极大的热诚。要激起人们心目中最美好的东西，其方法就是去鼓励和赞美。我从来不指责任何人，我信奉激励人去工作。所以我总是急于表扬别人什么，而最恨吹毛求疵。如果问我喜欢什么东西，那就是诚挚地赞扬别人。""在我们生活的社会交往中，我在世界各地见到过许多伟人和普通人，我仍然要去寻找发现一个人，不管他的身份多高、多重要，他在赞扬面前总比在批评面前工作得更好，花费的精力更小。"

施瓦布的秘诀就是在公开或私下的场合，赞美别人。赞美可以使人奋发向上，促使一个人走向光明的路程，是前进的动力。在公关交谈中，真诚地赞扬和鼓励，能满足人的荣誉感，能使人终生难忘。美国作家马克·吐温说："一句好的赞美语言，能使我不吃不喝活上两个月。"他这句话的内在含义，就是指人们时常需要受人抬举和恭维。

说一句简单的赞美话，实在不是一件困难的事情，只要你愿意并留心观察，处处都有值得赞美的地方。适时说出来，会产生意想不到的效果。

法国总统戴高乐1960年访问美国时，在一次尼克松为他举行的宴会上，尼克松夫人费了很大的劲布置了一个美观的鲜花展台：在一张马蹄形的桌子中央，鲜艳夺目的热带鲜花衬托着一个精致的喷泉。精明的戴高乐将军一眼就看出这是女主人为了欢迎他而精心设计制作的，不禁脱口称赞道:"女主人为举行一次正式宴会要花很多时间来进行这么漂亮、雅致的计划和布置。"尼克松夫人听了,十分高兴。事后,她说:"大多数来访的大人物要么不加注意,要么不屑为此向女主人道谢,而他总是想到和讲到别人。"事后,在以后的岁月中,不论两国之间发生什么事,尼克松夫人始终对戴高乐将军保持着非常好的印象。可见,一句简单的赞美的话,会带来多么好的反响。

英国著名首相丘吉尔曾说过一句话:"要人家有怎么样的优点,就怎么赞美他!"这说明赞美具有展现潜能的效果。

悄悄话

赞美不但对人的感情,而且对人的理智也起着巨大的作用。因此,你一定不要吝惜你对别人的赞美之语。

3. 要能与人为善

与人为善是沟通时最强有力的工具。与人为善并不与你所受的教育,你所拥有的金钱和荣誉挂钩。友善待人、好的修养和温顺的性格比精明干练更有益,友善待人的态度能在体谅别人的同时,也赢得你的自尊。

"如果你握紧一双拳头来见我",赛勒斯说,"我想,我可保证,我的拳头会握得比你的更紧,但是如果你来找我说:'我们坐下,好好商量，看看彼此意见相异的原因是什么。'我们就会发觉，只要我们有彼此沟通的耐心，诚意和愿望，我们就能沟通。"

友善的最高境界是不带任何功利性目的，完全出于自身高尚情操的一种态度。和蔼可亲、乐于助人的人，无论在家里，还是在社会上，随时能与别人和谐相处。而和谐就是健康，就是快乐，就是幸福。

我们可以从一个人如何对待那些与他没有任何关系的人看出一个人的品格。你的行为往往就能表明你这个人的品性。你的言行在影响着你周围的人。你要想得到别人的重视和赞同，最佳的方式不是去用"武力"去强制，而是以友善地与他们进行交流。

与人为善的意义和目的并不是教你如何才能让人喜欢，也并不是让你做一个纯粹意义上的好人，在95%的情况下，你周围的人都愿意为你做很多事；而在另外5%的情况下有些人使你的态度不得不变得恶劣时，你就一定要继续努力，不要强求这5%的人能跟其他人一样对你。相反，你应该变得更宽容，以友善待人的态度，继续走你的路，去得到你想要的东西。

养成友善待人的习惯，每天想着做善事，遇到失意的人不忘说几句鼓励的话。这样会使你的心胸更宽广，生活更高尚。这样的付出之后，你就可以得到更多幸福。

最重要的是，与人为善往往会避免很多不必要的误会和麻烦，使你保持自信和自尊。你有可能误会了某人，他们可能并不是愚笨的人，记住要设身处地地为他们着想。如果你自己不友善，那你与他们也没什么区分了。不要因为那5%的情况而使自己变得冷漠。你对别人友善，别人会还你以真诚。

当然，与人为善，并不是说，你就是为他人而活，处处都从他人的利益出发，一味的消极被动。应该知道，友善只是一种交往的态度，它并不要求你就一定要合别人的意，没有自己的主见和立场。相反，你更应采取一种明确、坚定的立场，但要以一种和蔼的方式表达它而已。

你应该学会与人为善,有选择的友善待人,生活虽然不会如你想象的那般美好,但友善往往能让你克服一切沟通中的难题。

4. 批评别人不能过于直接

一般情况下,无论是谁都不喜欢挨批评,因为这会让他们的自尊心不好受,感觉没面子。而现在的你,也没有能批评人的资本,因此,你如果对别人不满意时,一定要学会委婉表示出你的"批评"。

美国南北战争时期,某属下向林肯总统打听敌人的兵力数量,林肯不假思索便答:"一百二十万至一百六十万之间。"下属又问其依据何在,林肯说:"敌人多于我们三四倍。我军四十万,敌人不就是一百二十万至一百六十万吗?"为了对军官夸大敌情、开脱责任提出批评,林肯巧妙地开了个玩笑,借调侃之语嘲笑了谎报军情的军官。这种批评显然比直言不讳的指斥要好多了。

其实,许多时候批评的效果往往并不在于言语的尖刻而在于形式的巧妙,正如一片药加上一层糖衣,不但可以减轻吃药者的痛苦,而且使人很愿意接受。批评也一样,如果我们能在必要的时候给其加上一层"外衣",也同样可以达到"甜口良药也治病"的目的。

不是吗？父母在责备你时不就常常采取这种原则嘛。

毋庸置疑，任何父母对孩子都有很高的期望，在很早便已替孩子的未来描好自己心里所想的轮廓。实际上，这往往变成父母的一厢情愿，孩子完全无意照他们的想法行事。每当面临这种情况时，大多数的父母常忍不住如此责怪小孩：

"你为什么不听我的话？"

"你现在不听话，将将来没出息可别怨我！"

这些话能不能算是责备呢？诚如以上所强调，所谓责备乃是为了改变现况，使将来变得更好。若以这个观点来看上面两句话，显然只是生气的语言罢了。事实上，责备若单纯地只是一种生气的行为，人们就不需为它大伤脑筋了。在责备他人时，我们至少得考虑到三件事：

（1）如何使对方能率直接受？

（2）如何让对方激起更高的意愿？

（3）怎样才不致伤及对方的自尊？

在责备他人之前若能先考虑到上述几项，便不致使用过于严厉的话语，像翻旧账般地施予对方无情的抨击。

如果你实在对别人有意见时，当然可以表达你的不满，对其进行批评。但这种批评千万不能过于直接，要学会"曲径通幽"。

5. 敢于拒绝，勇于说"不"

如果你受人之托，为别人帮忙时发觉自己实在帮不到时，千万不能勉强答应，否则不仅不能助人，还可能好心办坏事。

事实上，那些顾面子不敢说不的人其实是自己意志不坚。这些意志不坚的人，通常认为断然拒绝对方的请求未免显得太过无情，而若是在答应后方觉不妥，且又力不从心难以履行诺言时，再改变心意拒绝对方，显然已经太迟。因为，等无法做到允诺的事情，再提出拒绝，给人的印象更糟。甚至需要付出相当的代价去弥补缺失或兑现承诺。如果这件事只限于个人的烦恼，还称得上不幸中的大幸，若因此事而与要求帮忙的对方，发生不愉快的情形，甚至产生怨恨、敌视，演变成双方人际关系上的对立与冲突，岂不更得不偿失？

生活中对于别人拜托于你而你又无能为力的事，究竟该如何面对呢？简单地说，只要有点勇气和智慧，不顾忌脸面该说"不"时就说不，你就能够轻松过关了。

固然，一开始即斩钉截铁地说"不"，委实不妥，然而不要因此而放弃表示拒绝的权利。即使这样做会破坏他人对自己的期望或好感也应在所不惜，何必勉强自己成为偶像型的人物呢？

人要想活得轻松，最好不去背无谓的"人情包袱"，不要因为拒绝了别人而有愧于心，不要为说自己对别人的请求无能为力而感到丢脸，不要因为扫了别人的面子而难为情，不要违背自己的心意去硬充大头，不要怕扮黑脸。

启功先生是当代著名书法家、大学教授，又是前清皇室的亲戚，是一位炙手可热的大名人。因此，登门造访的人总是接连不断，简直踏破了门槛。

直言不讳地说，到先生家的人虽多，但纯为探访而不有求于先生者可谓稀少。求的内容，大致有二：一是举办某某活动，欲请先生光临、捧场；二是求先生挥毫写字，用先生自己的话说则是，"将白的写成黑的。"其实这都顺理成章，先生名头太大，在活动中一露脸，立即大群记者一拥而上，电视转播，报纸载文，举办者脸上添光，知名度鹊起，有极高的社会效益；而字，一则具有高度艺术价值，挂于客厅中可临摹，可欣赏，可炫耀，二则虽人人都不会公开承认，但私下里一致认同，可卖大价钱，是一种可居的奇货，能获得可观的经济效益。

试想，如果对这些人一一照顾，个个给面子，老先生岂不是要累死？那些人个个是厚黑高手，全有一套死缠硬泡、蹬鼻子上脸的功夫，委婉地拒绝是不顶用的。因此，老先生有时对他们毫不客气，干脆"黑"起脸来，该说不时毫不客气。

一日，电话铃声忽然大作，启功先生正在处理文稿，犹犹豫豫本不想接，但打电话的人极有耐心，先生又恐是老朋友打来，接了，一问对方姓名，并不认识。问何事，对方称先生曾为某书题签，现该书已出，欲亲自送来。先生当即说："谢谢。不过这样的小事，你也不必跑了，通过邮局寄来即可。"对方不干，非要前来，称为探望。先生解释道："我现在很忙，身体又不大好，你来我也无力接待，请原谅，书还是寄来吧。"对方不肯。先生索性挑破窗户纸，单刀直入，问："你说你还有什么事吧。"对方称，没事，就是想看看你。先生答道："你既然那么想看我，也行。我给你寄张相片去，你可以从从容容地看。"此人仍不罢休。几个回合之后,先生被逼到"墙角",于是说:"好吧,你明天何时来,说个点儿,认识不认识我这儿,就在大门口,你也不用进我的门,你不是就为看我吗?咱俩就在门口对着看。你看我,我瞧你,你要近视,带上眼镜,我也带上花镜,好好瞧瞧你,看半个钟头,够不够,若不够,看两个钟头也行。"对方听先生动怒,又拉出一张"虎皮",说先生的某某老友也要同来。先生再一细问,对方又说先生的这位老友前些日子出差在外,不知明天能否回来。先生气得不得了,干脆对着话筒说:"不管是哪天,我都没有时间见你,再见!""啪"挂断了电话。

生活中,别人如果请求你的帮助而你又无能为力时,如何去面对?答案很简单,只要鼓起勇气,不顾面子的说"不",你就能轻松过关了。

6. 不能忽视你的形象

作为女孩子,天生就有爱美之心,一般都会很注意自己的形象,而这也确实是一个良好的习惯。它不仅能让别人对你产生好的影响。增加自己的信心,而且表达的也是对他人的一种尊敬,能体现你良好的修养。

从古至今,人类就有爱美之心。人不可貌相,这是人们都知道的一个谚语，但事实上每个人的心里都有一种以貌取人的倾向。在一般情况下，当我们还不是很了解一个人时，我们常常会根据对方的衣着、服饰来判断他的身份、地位。当一位西装革履、衣冠楚楚的人向你问路时，你一定会客客气气，且热心地向他指路。反之，当一个衣着邋遢、不修边幅的人来向你问路时，我想你很可能会觉得此人极为可疑，甚至心中有一丝害怕。有的人或许还会为此责怪自己敏感，但其实，这种看法并不奇怪，因为，人们往往都是先以你的形象来认可你的。

良好的形象有两个主要含义：衣着的美观和身体的清洁。一个衣着得体的人，肯定会给人留下美好的印象，相反不修边幅或搭配不当只会让人心里不舒服。当然，这绝不是说你就应该以貌取人。但在多数社交场合中，衣着得体确实是很重要的。身体是很重要的自我表现形式。外表被认为是内在的反映。高尚的理想、活泼健康的生活和工作本身与个人的整洁是分不开的。一个强健、清洁、优美的身体与一个强健、清洁、优美的个性息息相关。一个人如果在哪一方面放任自己粗枝大叶，那么他会身不由己地在哪一方面堕落。

得体的衣着打扮是对自我的一种提升，希望以此得到别人的尊重，同时它也是你表示对他人敬意的一种形式。让你的衣着得体，并不要你花很多钱，你只要尽力地让自己在别人眼里看着整齐干净就行了。不管多穷，你都可以穿得很得体，应该有意识地尽量拿出最好的仪表，注意干净整洁，同时，你要竭力地保持真诚和自尊，这样才能帮你度过重重难关，带给你尊严、力量和魅力，让你赢得别人的尊敬和钦佩。

每一个谨慎自重、向往获得的成功的人，都会重视自己的衣着。什么样的衣着决定什么样的性格。穿戴整洁往往使你看起来优雅从容，而衣衫褴褛、衣冠不整使人感觉局促不安，缺乏尊严和庄重感。我们的衣着会影响我们的自信，任何有这种经历的人都知道这一点。穿着合身的新衣，让人精神焕发，春光满面。别扭肮脏的衣服有损人的精神状态和风度。

你如果想使别人能看到你的优点,就应该创造出完美的形象,穿上整洁合身的衣服,那样,别人才可能进一步注意你的思想和行动。总之,要做一个优秀的女孩,就首先要从形象开始。

7. 学会幽默能让你广受欢迎

　　只要你能逗人们发笑,人们会听任你去笑骂他们。

　　在学习与生活中,不可避免地要与他人产生联系与他们关系处理的好坏与否往往会影响到你学习和生活。

　　而要做到这一切,学点就幽默能够使你与同学:老师之间建立和谐的关系。你也会因此而成为一个乐观的人,一个能关心和信任别人,又能被众多的人所信任和喜欢的人。有人说,获得工作上的成就和事业上的成功要具备很多的条件,但幽默有助于你改善与他人的关系,促进成功,则是一个不争的事实。

　　人的事业成功,一般要从三个方面加以注意:

　　(1)和他人分享欢乐。做到能和大家一道分享笑的快乐,使别人感觉到你和别人"合群",有助于你与周围的同事建立良好的关系。

　　(2)向他人开放。一个人只有向他人开放,别人才能接纳你。那些为人坦率、诚恳的人,人们乐于和他交往,即使他做错事情,别人也会原谅他。

（3）向他人表示真诚，而不是文过饰非。一个心胸开阔、豁达大度的人，能够开自己的玩笑，并且不那么看重自己已有的荣誉。

而做到这些，都离不开幽默的帮助。幽默可使你和大家一道享受笑声带来的快活，即使观点不同，兴趣不同，也不要紧。

例如，卡普尔任美国电报电话公司负责人的初期，在一次董事会议上，众人对他的领导方式提出许多批评和责问，会议充满了紧张气氛，人们似乎已无法控制自己激动的情绪。有位女董事质问道："过去一年中，公司用于福利方面的钱有多少？"她认为应该多花一些，对卡普尔不断地抱怨。当她听完卡普尔的说明之后，了解到用于福利的钱只有几百万美元，她说："我真要错倒了！"听了这话，卡普尔轻松地回答了一句："我看那样倒好。"会场上爆发出一阵难得的笑声，那位女董事也笑了，紧张的气氛随之缓和下来。这是用幽默化解众人激动的情绪，重新赢得大家理解和信任的例子。人做错事情是常有的事，只要不遮遮掩掩，承认自己做错事，并勇于承担责任，就仍然是一个令人尊敬的人。

同样，布劳尔在20世纪50年代初担任了美国钢铁公司董事长，这是个极令人羡慕的职位。当别人问他对担任新职务有什么感想时，他表示没有什么，既不那么高兴，也不准备庆贺。他说："只不过像是打胜了一场球。"对取得的荣誉，布劳尔能够轻松对待，丝毫没有自夸自傲的表现，因此获得了众人的尊敬和钦佩。与其说是小看了自己，倒不如说是他用正确的态度强化了自我形象。

再举一个不会幽默的相反例子。有一位女青年毕业之后，想找一份有意义的工作。在人才交流中心，工作人员问她："你在做生意方面经验如何？"女青年不予正面回答，却反问："您是指哪一方面的生意？我只有了解生意的内容之后，才能说出我在这方面有没有经验。"这样一句反问不是一句令人发笑的话，这个青年不会运用幽默说出自己不知道许多生意的窍门，使人感到她没有这方面的经验，却对生意表现了极大的兴趣，所以别人不会把她看作是个可用之才，因此她没有获得理想的工作岗位。所以说，在生活中，运用幽默能够给你的生活和学习带来好处。当然，这不是说幽默能解决所有问题，不要指望说了一两句幽默的话便能讨得所有人的喜欢。这里只是说幽默对生活和学习不无裨益。

幽默的人必然乐观，而乐观的人也往往幽默。幽默乐观的人，能将生活渲染的绚丽多彩。因此，你很有必要学会幽默。

8. 勇敢地向陌生人介绍自己

每个人的一生都要认识很多事物，认识很多人，从陌生到熟悉而要走过这个过程，使你的人际交往更加顺畅，你就应该学会勇敢地向陌生人介绍自己。

莉莉在上台演讲之前，已经把要说的话背得滚瓜烂熟，可是真的轮到自己的时候，她又像上次那样，什么也想不起来，站在那里张口结舌、手心出汗。她虽然鼓了很大的勇气，却仍然没有足够的自信，说话断断续续，声音像蚊子叫那么小声。

走下演讲台后，莉莉十分后悔，为什么刚才会那样紧张呢？这个时候再想想，就能很快地把演讲内容十分流畅地说出来。哎，怎么办呢？莉莉叹气不已。

　　事实上，向莉莉这样的经历不只是孩子，很多大人都曾经历过，在日常生活中，他们与自己的同学、朋友、亲人、老师都能侃侃而谈，说南道北，用清晰的语言表达自己的想法。可是一到正式的场合，或是有很多人时，或有陌生人时，他们却往往紧张不已，身体发抖，满头大汗，不敢抬头看别人的眼睛，一直低着头，说话结结巴巴。

　　在生活中，能够在别人面前把想法表达清楚，是一种十分重要的能力。因为人类的语言是交流思想感情的最有力的工具，语言表达能力足以准确地把自己的想法或感情传递给别人，让别人了解、理解你。

　　当然，良好的语言表达能力，尤其是与陌生人不期而遇时良好的表达能力，不是每个人都能轻易掌握的，它需要你长时间的去努力。

　　首先，你一定要对自己有信心。与陌生人说话时候双腿发抖、说话结巴等，主要是因为自卑，怕自己讲不好会被人耻笑，所以十分紧张。其实，你根本不需惊慌，除了那些经过成千上万次磨炼的大演说家外，谁在登台时不会紧张，只是有的人善于控制罢了。还有就是不要害怕于面子出丑，你应该不时地告诉自己："我一定可以！""我是最棒的！""我讲的内容可以吸引住所有人！"这样慢慢地，你的心情就会松弛下来，在上台以后也就能比较轻松自如地发挥了。

　　其次，要想在面对陌生人时有良好的表现还应该做好充分的准备。要把所要说的话仔细地进行分析与斟酌，不要说错话，如果是面对很多人的演讲，那最好把所要讲的内容打下草稿，有困难的话就去请教别人。平时也要多读书，积累丰富的知识，收集相关的资料。为了锻炼自己，还要多和别人接触，改变自己不爱说话的习惯。另外还可以尝试在陌生人面前勇敢地介绍自己。这样长期训练自己，慢慢地，你的表达能力就会有很大的提高。

　　最后，还要注意一些说话的技巧。说话的时候，不要紧张，说话的速度可以适中，不要太快，也不能过慢，一句一句说清楚就行。

说话不要啰哩啰唆，要简洁有力。在说话之前，把说话的重心用红笔画出来，记在心中，在说的时候，则就要突出这些重点，其他无关紧要的话就少说。

经过这些努力，相信你的语言表达能力会得到很大的提高。

  微笑着敞开心扉，勇敢地去对陌生人说话。这并不是一件有多么难的事。

9. 不要太爱面子，脸皮不能太薄

  孔子说得好："不耻下问。"而现如今的社会，有些人太爱面子，不说向不如自己的人请教，即使比自己强的人，他也不去学习，觉得这个太丢面子，孰不知，因为这个你将要走多少的弯路。懂得请教，丢掉面子，才是做事的最好法则。

  1982年美国哈雷摩托车的主管前往日本本田摩托车设在俄亥俄州的工厂访问，结果令他们大吃一惊。当时本田在美国重型摩托车市场拥有40%的占有率，是哈雷最强劲的对手。因为骑摩托人都认为本田的摩托车不但价廉，而且比哈雷耐用好骑。

  哈雷当时只想学学本田用来打败他们的科技，但是他们在本田厂内却看不到电脑，也没有机器人，没有特别的作业系统，而只有少量的纸上作业。他们看到除了30名职员领导着420名装配工人外，再没有别的了，只是这些员工对工作显得很满意。

本田的赢，赢在它会活用常识，而这也是哈雷可以学习的地方，5年以后，哈雷重振旗鼓，在美国重型摩托车的市场占有率从23％增到46％。一切都是因为俄亥俄之旅使哈雷的态度有了革命性的转变，从美国式的好勇斗狠变成卑微可亲、到处求知的形象。在一年之内哈雷采用了最好的人事管理制度和品牌策略，这些使哈雷得以脱胎换骨。

要想出人头地就要学习。各行各业的从业者想成为未来的霸主，就必须有外出向同行学习的胆量，那并不是一件丢面子的事。他们必须铁面无私地评估自己的目标和能力，然后模仿学习，调整适应，甚至如果肯努力的话，有时还能超越他们原来学习的对象。

各行各业都有模仿的对象。没有苏格拉底就没有柏拉图；俄国冰上曲棍球队学加拿大队；马谛斯取法高更的绘画技巧。

向赢家求教的效果是十分惊人的。以眼镜制造商"西柏视力"的前董事长东尼为例。虽然从未碰上哈雷那样的破产危机，但还是因为肯向赢家学习而获得彻底的改变。他学习的赢家对象包括礼来药厂位于加州圣地亚哥的子公司"先进心脏导管系统"公司，他发现耐心，再加上以顾客为导向的作业管理，才是置身世界领袖之林的途径，这使他的经商理念完全改观。

吸取他人经验是第一步，别因为面子问题而自负，愈学愈会发现强中更有强中手。把企业中每一个环节的表现与各地的同类表现相比。制造福特"金牛星"轿车的工程师在设计400多个元件时，立志要使这些元件成为"同级冠军"，在福特看来这个目标他们达到了77％，但是还在继续改进其他部分。日本制造商现在已无法在设计上超越福特，但是在生产时间上仍然占有优势。

创业者变成赢家之后更要潜心学习。美国康州渚瓦克的史都李奥纳，是全球管理最好的超级市场之一。史都李奥纳有一辆巴士，公司就利用这辆巴士定期载员工出去参观别的同业，有时还到400英里以外的超级市场参观。他们把这种实地参观叫做"一个点子俱乐部"。

每个员工至少要找到一处别家超市比李奥纳强的地方，而且要提出如何可以迎头赶上甚至超过的点子。

观摩与比较，通常会促使一家公司采取并实施最有效的改进措施。立即树立原认为不可能，但实际上是可能达到的目标，摩托罗拉于1981年制订似乎难以达成的目标：在5年内将品管统计方法改进十位，结果在1983年底，他们就比预定期限提早两年达到这个目标。摩托罗拉的副总裁诺克斯说："我们现在明白，一个人必须树立高远和不可能的目标，以前我们年增长率维持在15％，如果我们将增长率提高到20％，大家会多流一些汗，达到公司的要求，但不会在作业方式上有真正的大改进。如果现在我们说要达到10倍的增长，那么大家就知道这样非得痛下苦功不可了。"

任何人都能找到赢家并加以模仿，也许创业者可以从自己的最佳供应商或最佳顾客开始。美国第一芝加哥公司发起一项品牌运动的时候，他们知道这跟许多著名的大公司3M、IBM、雨屋、福特都有关系，于是主要去向这些公司求助。有些公司甚至向他们的对手日本企业学习。小公司刚开始可以先向美国飞递公司或施乐这些供应商学习，其实，大部分杰出的公司都很乐于助人，但是，如果你的对手不肯帮忙，没关系。整理出公司内需要协助的部分，然后找一家不是竞争者的其他行业的企业。这样的企业同样可以给你带来启发和指导，关键看您会不会学。

丢掉面子去研究，学习同学的经验。因为大多数人是这样，所以你也这样，而不去看那些少数人的成功，不去向他们学习，那么你是很难取得不断进步的。

10. 尊重别人，别人才会尊重你

人与人之间都是平等而又独立的个体，尤其在现代社会你如果想赢得别人的尊重，你首先就得先学会尊重别人。

日常生活中，你要想友好地与每个人交往，那么尊重他人就是一项你必须遵守的十分重要的原则。没有尊重的交往是永远不可能长久。只有互相尊重，才能互相认可对方，体验对方的心情，让对方乐于接受。而那些以自我为中心的人往往认为"高人一等"，是一个有成就的有身份的人所必须具有的，是充满自信的表现。然而，事实上，真正能让人尊重，受人敬仰的杰出人士，并不是因为他们"高人一等"而是因为他们能够尊重每一个人。

自尊心是每一个人都具有的，无论他是高高在上的国王还是沿街乞讨的乞丐汉。物质生活的需要固然重要，但更多的人则期望得到别人的尊敬。尤其在现代社会，由于生产力水平的提高，科学技术的进步，物质需求已经不再是那么难以满足后，受尊重--这个更高层次的需要越来越受到许多人的重视。人都有表现自己，受人尊敬的欲望，在社交活动中，都希望得到他人的尊重，而且对尊重自己的人，人们一种天然亲切和认同。然而，许多人在与人交往时，往往是过分强调了自己的自尊心，对于别人往往不那么重视。

没有人愿意被别人伤害自尊，人们总是希望得到肯定和赞美。许多人看到别人的缺点和错误，就肆意地指责别人。殊不知这样往往伤害了别人的自尊心。

要做到尊重每一个人，最关键的就在于要尊重差异。要重视不同人的不同心理、情绪和智能。正如世界上不可能存在两片完全相同的树叶一样，世界上也不可能存在完全相同的两个人。既然你能够尊重某些人，为什么不能尊重另外一些人呢？每一个人都有其自身的优点，有些人的比较明显，有些人的则需要你去挖掘，但相同的是，这些人都值得你去尊重。

关于尊重的道理每个人都懂，但难就难在不是每个人都能做得到，而这种修养在你这个年龄段是最容易培养的。因此，从今天起学着尊重每一个人吧，这样，你所收获的才会是别人同样的尊重。

11. 勇于承认错误，真诚道歉

"知错能改，善莫大焉。"事实上知错能认，是一个人最崇高的品格之一。在你犯了错误时，如果能即时地说声"我错了"，"对不起"，那么，你往往就能很快弥补被伤害的感情，而在你这个年龄段，勇于认错更是非常可贵的品性。

那天晚上，妈妈指责小文做了一件她不赞同的事，小文不承认；相反，还十分的生气，说了很多令妈妈伤心的话，并当着妈妈的面摔门进了房间。

但是，当静下心时，小文立马认识到了自己的不对。自己的态度过于粗暴了，这太过分了！小文心里就想：我是该待在房里睡觉，让事情过去，还是应该出去向妈妈道歉？

过了几分钟，她打开门，径直走向妈妈，紧紧拥抱着妈妈，告诉妈妈她对自己的行为感到非常抱歉。妈妈并没有再责怪她，事情立刻就过去了，就像根本没有发生过一样。小文感到前所未有的轻松和高兴，和妈妈的关系又紧密了一点。

所以说，孩子啊！不要让你的傲慢和怯懦妨碍你对错误的认识，勇敢地道歉吧！它绝不像你想的那么可怕，相反，在你真诚地承认错误后，你会为自己的勇敢觉得开心和骄傲。道歉让人们对你消除敌意。当你冒犯了别人时，他们的反应通常是拿起武器，保护自己。但是，当你道歉后，就能消除他们对你的敌意，并且改善你们的关系。

既然犯了错误，就勇敢地去承认，以求得到别人的谅解，千万不要试图逃避自己应该承担的责任。

能够真诚地说"对不起"的人，是敢于面对错误、不逃避责任、希望自己更加优秀的人。

乔治·华盛顿是美国人心目中的英雄。他领导了美国的独立战争，是美利坚合众国的创立者之一，1789年当选为美国第一任总统。他为人正直、品德高尚，深受美国人民爱戴。为了纪念他的功绩，美国的首都就以他的名字命名。

华盛顿小的时候，家中有许多果园。果园里长满了果树，但其中夹着一些杂树。这些杂树不结果实，影响着其他果树的生长。一天，父亲递给华盛顿一把斧头，要他把影响果树生长的杂树砍掉，并再三叮嘱，一定要注意安全，不要砍着自己的脚，也不要砍伤正在结果的果树。在果园里，华盛顿挥动斧子，不停地砍着。突然，他一不留神，砍倒了一棵樱桃树。

他害怕父亲知道了会责怪他,便把砍断的树堆在一块儿,将樱桃树盖起来。

傍晚,父亲来到果园,看到了地上的樱桃,就猜到是华盛顿不小心把果树砍断了。尽管如此,他却装作不知道的样子,看着华盛顿堆起来的树说:"你真能干,一个下午不但砍了这么多树,还把砍断的杂树都堆在了一块儿。"

听了父亲的夸奖,华盛顿的脸一下子红了。他惭愧地对父亲说:"爸爸,对不起,只怪我粗心,不小心砍倒了一棵樱桃树。我把树堆起来就为了不让您发现我砍断了樱桃树。我欺骗了您,请您责备我吧!"

父亲听了之后,哈哈大笑,高兴地说:"好孩子!虽然你砍掉了樱桃树,应该受到批评,但是你勇敢地承认了自己的错误,没有说谎或找借口,我原谅你了。你知道吗,我宁可损失掉一千棵樱桃树,也不愿意你说谎逃避责任!"

华盛顿不解地问:"承认错误真的那么珍贵吗,能和一千棵樱桃树相比?"

父亲意味深长地说:"敢于承认错误是一个人最起码的品德。只有敢于承担错误的人才能在社会上立足,才能取得别人的信任。看到你今天的表现,我就放心了。以后把庄园交给你,你肯定会经营好的。"本着父亲的教导,华盛顿一生都把勇于承担责任作为人生的基本信条。后来,这个故事传遍了整个美国,也影响了一代又一代的美国人。

人非圣贤,孰能无过,每个人的一生都难免犯一些错误,无论你愿不愿意,错误都会不可避免的伴随你一生。

但是,优秀的人之所以优秀,关键的一点就是对待错误的态度,他们都能像华盛顿那样勇敢地认错并能肩负起自己应该承担的责任;其实,承认错误,担负责任是每个人都应尽的义务,任何不愿破坏自己名誉、不愿最终失败的人,都必须认真地对待错误和责任。这也是每个人都应具备的最起码的品德。

无疑，承认错误并承担由此而带来的责任是需要莫大的勇气，而要想激发这种勇气，你所要做的就是保持良好的道德心理，让自己的行为端正，思想高尚，这样你才能坦然地面对一切，勇敢地甚至是自然而然地承认错误。在道德心理的强烈影响下，一个人崇高而正直的品德才能发扬光大。我们应将承认错误、担负责任根植于内心，让它成为我们脑海中一种强烈的意识。在日常的生活和工作中，这种意识会让我们表现得更加出类拔萃。

与此相反以，另外一些人在犯了错误后，却往往喜欢给自己找各种各样的借口，试图从此来逃避自己应当承担的责任，你千万不能这样做。否则，你虽然可能逃避一时，但很可能会在第二次犯错时"照猫画虎"。但是，长此以往，别人会再相信你吗？你的老师、同学，还有你将来走进社会后的同事、上司，他们会再相信你吗？当然不！所以，你应在一开始的时候就将寻求借口的路堵死，勇敢地面对错误，承担责任。这样你才会吸取教训，从失败中学习和成长。

然而，做错事以后，很多人的第一想法往往是隐瞒，怕别人知道以后自己丢面子。这实在大错特错，承认错误并不是什么没面子的事，相反，在某种意义上，它还有一种"英雄主义"的色彩。因为错误承认得越及时，就越容易得到改正和补救，而且，由自己主动认错也比别人提出批评后再认错更能得到别人的谅解。更何况一次错误并不会毁掉你今后的道路，真正会阻碍的，是那种不敢承担责任、不愿改正错误的态度。

达尔文曾经说过："任何改正都是进步。"歌德也说过："最大的幸福在于我们的缺点得到纠正和我们的错误得到补救。"等等，这都是一些名人、伟人们总结出的经验和教训！你应该从中领悟、吸取，勇于承认，有错就改！那么你一定会变得更加优秀。

12. 骄傲自大要不得

　　骄傲自大的孩子往往如井底之蛙，将自己与外界隔离开来，唯我独尊，使自己变得狭隘和自私，看不到更广的世界。

　　蒙蒙是个聪明伶俐、讨人喜爱的女孩。她的爸爸是一家大公司的总经理，妈妈在一家医院当医生。蒙蒙从小就生活在这样一个条件优越的环境中。在家里，她要什么有什么，是爸爸妈妈的掌上明珠；在学校里，她成绩优秀，是老师心目中的"尖子生"；在同学当中，由于她长得漂亮，大家还给她起了个响亮的名字——"白雪公主"。良好的家庭环境，父母的疼爱，老师和同学们的赞誉，再加上自己的天赋，使蒙蒙产生了一种飘飘然的感觉，而且这种感觉一天比一天强烈。"我就是比别人优秀"，蒙蒙总是这样想。蒙蒙的爸爸妈妈也经常在别人面前夸奖自己的女儿，为有这样一个聪明美丽的女儿而自豪。所有这些都助长了蒙蒙的自满和自傲的情绪。渐渐地，蒙蒙变了。在家里，她只要稍稍不顺心就对爸爸妈妈发脾气；在学校里，蒙蒙更爱表现和炫耀自己，取得好成绩就自鸣得意、沾沾自喜，甚至不把老师的话放在心上；在生活中，她总是拿自己的长处同别人的短处相比，认为自己高人一等，看不起别人。

　　蒙蒙是骄傲自大的孩子的典型代表。在现代独生子家庭中，由于父母对儿女的过度宠爱，往往容易让他们陷入一种我可以主宰一切的情绪中，那么具体是什么原因导致孩子的这种情绪呢?

(1)成人对孩子的影响

有些父母由于自身条件比较优越,总是表现出一副洋洋得意、目中无人的神态,常常会流露出对他人的不屑。如他们经常议论同事的缺点,某某不如自己。孩子听到这些话,也会仿效父母,只看到自己的长处,而嘲笑别人的短处。

(2)家庭生活条件优越

优越的家庭条件容易滋长孩子虚荣自傲的心理,形成爱炫耀自己、嘲笑别人的毛病。如孩子常常穿漂亮的衣服,就会看不起那些穿旧衣服的孩子。

(3)过多的夸奖

孩子常常得到大人的夸奖,就会认为别人不如自己,导致看不起别人。如果爸爸妈妈常常在朋友面前炫耀自己的孩子,孩子就会认为别人都不如自己,产生自傲心理。

谦虚使人进步,骄傲使人落后。骄傲自大会对孩子的发展产生消极影响。骄傲自大的孩子常在自己的周围树起一道无形的"城墙",形成与外界的隔膜,这使他们的心胸变得很狭窄。他们虽能取得一定的成绩,但往往没有远大理想和志向,而只满足于眼前取得的成绩。而且,他们看不到别人的成绩,只会"坐井观天"。骄傲自大的孩子很难和同学们友好相处,因为他们不能做到平等相待,总是以高人一等的态度对待人或喜欢指挥别人。骄傲自大的孩子情绪也不稳定,当人们不去理睬他时,他们就会感到沮丧;当他们遭到失败和挫折时,又会从骄傲走向悲观、自卑和自暴自弃,否定自己的一切,觉得自己什么都不如别人。

悄悄话

骄傲往往会让你陷入自以为是的深渊,让你承受不起任何的挫折,让你难与他人相处,因此,孩子千万不要骄傲自大。

第七章
心灵之美,女孩应该追求的

美的东西并不总是最漂亮的东西,外表的美丽也并不能证明你拥有真正的美。真正的美,固然有外貌方面的因素,但这并不是决定性的,真正的美首先决定于你的心灵状态和精神面貌。一个品质高尚,心灵纯洁的女孩,才是永远年轻和美丽的。

1. 什么是真正的美丽？

众所周知，美不是一种单纯的概念，尤其对于人来说，它不单是指外表，而是一种内在和外在的统一。美不仅仅要能让人赏心悦目，更要能温暖人们的心。

什么才算真正的美？大家公认的漂亮女人应该是这种样子：身材修长、体态丰满、优雅恬静和其他的很多特征，在这就不——列举了。生活中漂亮女人的画面也总是不断地出现在你的眼前，比如香水、汽车、服装等各类广告中的美女照。所有这些图片必然会给你一个印象：她们就是美女。你心里会想：如果你也是美女，你就能毫不费力地得到你想要的一切。对于女孩来说，有这种想法是很自然的。谁都在追求完美，所以才有不满足，而不满足本身就意味着一种接近或达到美的动力。正因如此，女孩们总是对自己的这儿或那儿不满意，也总在设法改善和弥补自己认为不好看的地方，以便使自己的外表更漂亮。这是很正常的心理和行为。

男人一般青睐这样的女人：聪明但不精明，自信但不自负，活泼但不肤浅，善良但不愚昧，多情但不风流，时髦但不花哨，上进但不虚荣，机敏但不狡猾。惬意、快乐、时尚的女人总是男人追逐的对象。而你可能觉得自己总是魅力不够。

当然，形象之美也是每一个女人都喜欢的，它能给你带来心理的愉快和满足，为此，你就得付出比其他人更多的时间和金钱。你要购买化妆品、衣服，经常光顾发廊。你为了保持给人一个好的印象，也为了给自己一份好心情，你就要注意你的装束打扮。所以说快乐也会让你很累。但每个女孩又都心甘情愿。

如果你不化妆就走出家门，你肯定会觉得无法见人，犹如赤身裸体地走在大街上一样。如果你没穿得意的衣服就见你的同学或朋友，你就会有种丑小鸭面对王子的感觉。这时的美丽已不应简单地理解为快乐了，同时也是一种内心深处的忧伤。

看看镜子吧，谁在看你呢？一个烦恼的女孩！好像有人伤害了她，惹她生气了或不公正地对待了她。女孩，想开点！每个人都有郁闷的时候。在你不开心时就静下心来想点高兴的事情，想想你的优点。"我觉得我是个不错的女孩。我能控制自己的情绪。""在学校里我的作文写得很棒，很多人都羡慕我不错的文笔。""恋爱只是生活的一个内容，我不必为此失去理智。我还小，有好多更值得自己去追求珍惜的事情，可不能只想恋爱而耽误学习。"这样想，你的心情自然会慢慢好起来。既然烦恼郁闷偶尔会找到你，那你就应该学会调整心情的方法。

你的人生之路还很漫长，你还有着许多美好的愿望和梦想要去实现，而所谓的美，更多意义上你是希望得到别人的注意和赞赏。因为你很清楚：外表的美.比如性感的嘴唇、丰满的乳房、健美的屁股、迷人的眼睛等，能给女人带来自信，也是女人爱美之心的需要和追求。但是，如果你不是外表美丽的女孩也不要紧，应该知道没有众多相貌平平甚至丑陋的女孩，又哪来的什么漂亮呢？这是有些自欺欺人，但拥有这样一种心态，你往往不会太多为外貌所困扰，那又何乐而不为呢？

外表的美丽不由你决定，你也不需要太在乎，因为人生的美才是最重要的，只要你修改完善自己的心灵，成功自己的事业，圆满自己的生活，那么你就是最美的女孩。

2. 优秀的女孩最漂亮

许多男人喜欢的是漂亮的女孩，但他们真正会爱上的却是优秀的女孩。

很多女孩都想成为优秀的女孩，这样的想法当然是很好的。但是，什么样的女孩才是优秀的呢？有的人认为：美丽漂亮的女孩最优秀。还有人认为：成绩突出，又听家长老师话的女孩最优秀。无疑，漂亮的女孩从容貌体态上看是优秀的，学习好又听话的女孩在学校家长的心目中也是优秀的。然而，如果从一个人的成长来看，事业成功、家庭幸福、实现自我的追求，都需要在青春期打下坚实的基础。从这个角度看，优秀的女孩至少有以下四条标准：

第一，有积极、宽容、仁爱的人生态度。积极向上，有追求的女孩必定是充满活力的，这样的女孩即使性格内向，但其聪慧与进取的气质依然能够透过言行表现出来。女孩如果小肚鸡肠，心胸狭窄，那这样的女孩只能生活在自己个人的狭小圈子里。优秀的女孩却能宽容大度，因为属于她的是整个世界。特别是在今天，中国已经进入向世界开放的时代，优秀的女孩应当能大方自如地与世界各国的人员交往，人们能够通过她的言行感受到那种大国公民的自信与文化涵养。同时，优秀的女孩也是富有爱心的，而心中有嫉妒或仇恨的女孩很难保持心态的平衡。

第二，有较高的文化素养。文化素养不等于成绩的好坏，一个成绩优秀的学生如果一开口说话就结结巴巴，或者无知幼稚，或者低级庸俗，肯定不能算优秀。文化素养还应该包括艺术涵养，即使不能琴棋书画样样精通，也应该对艺术有独特的理解，对不同风格的文学、音乐、绘画、影视作品有自己的见解。

第三，有健康健美的体魄。缺乏锻炼似乎是很多女孩子的共同缺陷，这样的女孩对自己的身体都不负责任，特别害怕吃苦，养尊处优的结果就是体质下降，弱不禁风。优秀的女孩则不是这样。2000年扬州市有一位高考女状元不仅成绩优异，才华出众，而且体育也很突出，长年坚持游泳训练，成为很多女孩子学习的榜样。

第四，优秀的女孩还应该是一个心理健康的女孩。心理健康的要求主要是：①智力正常。能充分发挥自己的聪明才智。因为正常的智力水平是人的生活、学习、工作、劳动的最基本的心理条件。少女也不例外。②人格正常。与大多数人的心理一致，且符合该年龄阶段的心理要求。因为在人的一生中，不同的年龄阶段，都有着与之相适应的心理特点。对于少女来说，天真活泼、朝气蓬勃、勤奋好学、奋发向上、富于幻想才是符合她们年龄特点的心理要求。同时，须具有完整的人格，能确立正确的人生观。具有统一的、协调的思想和行为，胸怀坦荡，言行一致，情绪稳定，意志坚强，行动有自觉性和果断性。最后，对自己有正确的认识和评价。既要看到自己的优点和长处，也要看到自己的弱点和短处，只有这样，才能愉快地接纳自己，采取适合自己的行为。③有较强的适应能力。能和社会环境协调一致，时刻意识到自己对国家和社会所负的责任，并根据国家和社会的要求努力掌握知识和技能，以促进社会的进步。④有正常的人际关系。能正确地、积极地对不同人际关系做出不同的心理反应。与人交往，不卑不亢；既善于理解别人，又能被别人所理解，并为别人所接纳，在集体中有自己的朋友。

这些要求看起来有些不切实际，但其实，只要用心，每个女孩都能做得到。因为你们拥有着最青春的活力，这是让你积极心态的最有效源泉，而要想成为优秀的女孩，剩下的就只是坚持不懈的努力了。

优秀的女孩人人都喜欢，也是最美丽。而你如果想成为优秀的，就一定要记住两个字：努力。

3. 自信的女孩最美丽

　　自信方能人信，天生我材必有用，自信的女孩绝不会是丑女孩。

　　女孩给人第一眼的印象如何，主要是她的长相、体形、衣着和发型。女孩往往很早就学会了怎样打扮自己，这也是女孩的天性。天生美丽自然是一种幸运，这种美即使不刻意打扮也会是动人的。如果再经过恰到好处的装扮，肯定是众人回眸万般情。

　　在我们的生活中，外表漂亮的女孩很多，但相貌平平的女孩也不少，但不管怎样，我们都不需对自己的身体产生抱怨，一些小的瑕疵，完全是可以通过科技手段予以弥补。总之。你不必伤心苦恼先天留下的不足，要正视并了解自己的优点和缺点，设法突出自己美的一面。每个人都是不同的，美的内容和形式也不尽相同，但美给人的感觉是相同的——赏心悦目。

　　所以说，女孩，自信起来吧，因为这才是你漂亮可爱最大秘方，一定要相信自己。

　　你有时会心情很糟糕吗？那就去发廊改换一种发型，修修指甲，让自己漂亮起来。然后再制定一套饮食计划，给自己一个优美的身材。这样你就会感觉好多了，内心马上会有一种追求漂亮的欲望。尽管你明白漂亮如同金钱一样不是万能的东西，但你却会认为漂亮有着无法否认的价值，因为它能给你带来满足和快乐。漂亮是其他东西不能替代的，拥有它的女孩等于拥有了自信和微笑。

什么事情都没有绝对。每个人的审美观是不同的，口味也不会一样。所以每个人对漂亮这个概念的理解以及对漂亮的定义标准也就不尽相同了。正所谓仁者见仁，智者见智。在我们生活的这个世界上只有相似的东西，没有完全相同的东西。同样的道理，世界上有各种各样的美，但不会只有一种美。

自信会让你产生一种气质，一种蕴涵你的魅力的气质，就像麦当劳广告语说的"我就喜欢"，只要你喜欢，你就是美丽的。

女孩的外貌只能给人在印象上起作用，虽然也很重要，但是真正能进入人们心灵的只有你的个性，而自信无疑是其中最重要的一条。

4. "孤芳自赏"不是真正的美

自信但不能盲目的自信，自信与人信之间还隔着一个东西，那就是做人的本质，不会做人的人再自信也不可能有真正的美，因为美毕竟还是要通过别人的检验的。

学生进入中学以后，随着外部环境与自身生理的变化，对自我的认识也会出现新的转变。这种情况每个人可能不一样，但是转变都在发生。比如，有的女生从来没有注意过自己，穿什么衣服，梳什么发式，想都没想过，全由母亲包办。而另一些女生从很小就注意到自己的形象，喜欢在镜子前面照呀照的。那么进入青春期以后，这样的变化真是各不相同。从来不注意自己的女生中,有的开始注意起自己的形象了,而有的继续保持本性不变;在那些喜欢照镜子的人当中,有的不仅更关注自己,甚至还喜欢关注别人,谁的裙子好看,谁的发型老土,她都会品头论足;另外一些人则会感到自己的形象变得太多,在变化的过程中,失去了自我观赏的兴趣……

很难说,哪一种变化是好是坏,而且,随着不断长大的过程,变化还会出现,因此,应该将这些变化看成是很自然的现象。当然,对于中学生来说,学习的压力很大,学习在这一段时间的重要性每个人都清楚,所以,应当有意识地学会控制自己,不要用过多的时间来打扮自己。而在闲暇之余,关注自己的形象也没有过错,毕竟照镜子是自我探索的一部分,这种对自己的身体与内心世界的探索将会不断增多,这是自我摸索着适应那些内外变化的体现,也是女孩向成熟女人转变的重要过程。

课间,莉莉看到雯雯拿出镜子,便不客气地说:"雯雯!你怎么老是臭美!整天照镜子。"雯雯笑了笑,没吭声,心里想:"我照镜子又不关你的事儿,你也可以照啊!再说,我哪里整天照镜子啦!"不过,说实话,雯雯的脸蛋长得真漂亮,她自己都觉得在年级里很少有人能与她相比。只是最近她变得敏感起来,如果有同学说到某某长得俊俏,她就会不由自主地与那个人比较,"她哪里算得上漂亮?不过皮肤白一点罢了。"

然而,在其他同学的眼中,雯雯是个孤傲的家伙。莉莉、燕子谈到她,就会嘲笑她:"有什么了不起?没有朋友在一起玩,才是最可怕的呢!"

"就像自我封闭的林黛玉。"

只有晓兰说:"她怪可怜的,你们就不要老是看人家不顺眼。"

燕子马上反驳:"你说她可怜?我没听错吧!对了,你和她在小学是同学,你当然向着她,可她并不理你啊!"

莉莉接着说:"她就是跟我们不一样嘛!对别人、对班级的事情没热情,老是爱臭美,我们看着当然不顺眼啦。"

"是啊!进了中学,大家真的都变得不一样了。要是像小学里一样,没有这么多矛盾就好了。"晓兰发出感慨,莉莉和燕子却似乎听不懂……

女孩之间的矛盾常常是很难说得清的。不过，幻想没有矛盾是不可能的。在我们长大的过程中，我们发生的变化不仅来自自己的身体，也来自周围的环境，特别是从小一起玩的朋友。儿童之间是没有秘密可言，心地纯真，像透明的一样。因此，看起来大家都差不多。可是进入青春期以后，每个人的个性开始进入一个新的形成期，个性也越来越明显，所以，要认可人与人其实是不一样的，不仅仅是外貌，更重要的是性格。应当尊重这种个性的差异，如有人喜欢热闹，也有人喜欢安静，毕竟万紫千红是来自与众不同的。当然，我们也认为自我封闭没有好处，这主要是对自己将来的发展不利，缺少交流会影响我们适应社会的能力，也会使我们失去来自同伴的认同与支持。

孤芳自赏是一种极为盲目的自信。你要用你的美丽心灵去打动周围的人，让你的美为众人所认可。

5. 身材的诱惑

高挑迷人的身材是很多女孩所追求的一种美丽象征，但是对于身材的好坏我们不能刻意地去追求，否则很可能会伤害自己的身体，到那时恐怕最多也只能是个"病美人"，这绝对不是女孩们的初衷吧！

让雯雯不满意的是自己的身材差了一点，个子不高，身体微胖。这是最近才发现的缺陷,以前一直没注意过,这可怎么办呢?经过反复思考,先得让自己的身材苗条起来。于是,雯雯开始节食,本来早饭就经常吃得很少,现在有时干脆不吃。晚上的一顿,更是少得可怜。但也有大量吃的东西,那就是黄瓜。没过多久,雯雯的身体变得虚弱了,别说上体育课,就连做广播操都没劲,可她心里却挺高兴,终于变得苗条了,千万不能再多吃了,要坚持住。

几天后,在升旗仪式上,刚站了20分钟的雯雯,眼前一黑,晕倒在地……

一些女孩进入青春期后,惧怕发胖,一味节食,甚至造成青春期厌食症。青春期是人体生长发育最旺盛的时期,节食后引起的营养缺乏所造成的危害极大。青春期节食害处大致有以下几点:

首先,节食会导致人体所需的热量不足。青春期人体代谢旺盛,活动量大,肌体对营养的需要相对增多,既要满足生长发育的需要,又要支付每日学习、活动的需要。每日所需要的热量一般不能少于12 552千焦(3000千卡),如果达不到这一标准,就会影响生长发育。总之,青春期的热量应高于成年期的25%~50%。

其次,节食必然导致蛋白质的摄入不足。造成负氮平衡,使生长发育迟缓,消瘦,抵抗力下降,智力发育亦会受到影响,严重者会发生营养不良性水肿。女孩的青春期发育较男孩早,同时伴有明显的内分泌变化,蛋白质摄入不足所引起的不良后果将更为严重。

同时,节食会导致各种维生素的摄入不足。谷类中含有丰富的B族维生素,特别是维生素B,缺乏时会发生口角炎、舌炎;蔬菜中含有大量维生素C,缺乏时可导致坏血病;维生素D缺乏可引起骨代谢异常,导致身材长不高或骨骼变形;维生素A缺乏可出现夜盲症。

另外,节食可造成各种无机盐类及微量元素缺乏。钙、磷摄入不足或比例不当会直接影响骨骼发育;缺铁可导致贫血;缺锌可影响人体生长和性腺发育。

人的身材会在青春期逐步发育成形,但是,这是一个较长的过程。从10岁左右开始长个子,纵向发展;到后来,大约15岁左右,横向发展,逐步丰满起来,一直到18-20岁。在这个过程中,体形会有一些变化,有时较瘦,有时较胖,并不是那么稳定,这是青春发育的规律。除了骨骼,青春发育还涉及肌肉、内脏器官、神经系统等等方面,所以,我们每天的饮食关系到身体各部分的生长,营养不良就会导致身体发育的不平衡。

体形与遗传关系很大,并不是只注意饮食就能改变的。不吃饭肯定不行,当然可以少吃脂肪、糖分含量高的食物,多吃蔬菜(虽然黄瓜不错,其他蔬菜也要吃哦)、水果、瘦肉、鸡蛋等,大米、面食也要有一定的量,这样才不至于出现晕倒等身体极度虚弱的现象。

其实,与其过度节食,还不如加强锻炼。有些女生学习很用功,花的时间也很多,可是,锻炼少得可怜,整天不动,脂肪就会积累,通过运动既可以消耗多余的脂肪,又能强身健体,提高学习的效率,这样多好!病态的美与健康的美,你应该选择哪一种呢?

身材固然很重要,你也可去追求美丽的体形,但方法要用对,多做做健身,而不可用节食来瘦身。

6. 可爱的女孩很美丽

可爱的女孩，人人都喜欢，因为她的心，能融入到别人的心里，可爱的女孩绝对不会是丑八怪！

燕子长得很普通，她对自己的评价很客观："既不难看也不漂亮，挺好！免得生出一大堆乱七八糟的事情来！"

班上有一位男生喜欢画画，有一天自习课上，画了几幅女生的漫画，其中就有燕子的一张，把燕子脸上的缺点搞得很夸张，鼻子又尖又长，嘴巴又扁又宽……气得燕子与他大吵起来。

放学时，晓兰问她："没见过你这么发脾气，真的生气了？"

"那当然了，如果是你呢？"

"我才不会与他计较呢！漫画嘛？"

"好的，下次，我就叫他帮你包装一下，看你生不生气？"

"你敢？"

"害怕了吧！不过，晓兰，我的鼻子真的很尖么？"

"当然不是，你照照镜子呀！"

晚上，燕子在镜子面前照来照去。妈妈走过来问她："燕子，怎么了？"

"没什么！"过了一会儿，她走到妈妈面前问："妈！你的鼻子为什么尖呢？嘴巴为什么扁呢？"

妈妈笑嘻嘻地说:"这算什么问题?你奶奶就是这样的喽!"

"唉!看来是没办法了。"燕子叹了一口气,走进自己的房间。

第二天早上,燕子看见桌上有一张纸条,上面写着:

燕子,人是因为可爱而笑丽的。你很可爱,不仅我们这样看,而且你的朋友都这样认为,是么?所以,你应当珍视自己这个优秀的品质。爱你的爸爸、妈妈。

燕子鼻子一酸,眼泪就止不住流下来。她把这张字条夹进自己的日记本里……

天生丽质并不是每个女孩都能拥有的,但是做一个心地善良、活泼可爱的女孩,却是人人都能争取做到的。

当代心理学家的研究表明,总是以为自己丑陋的青少年会在潜意识中,不断暗示自己的缺陷,到头来反而得不偿失,真的会向丑陋的方向发展。如果顺其自然,接受自己,善待自己,自信乐观,那么,不仅有了可爱的性格,而且真的会变得青春亮丽。

请爱美的女生们特别要关注下列问题:

(1)不宜穿高跟鞋。处于青春发育阶段的少女,骨结构中软骨成分较多,骨组织内含水分和有机物多,无机盐少。骨质柔软,极易变形。女孩子过早地穿高跟鞋会引起骨盆和足部形态发生变化。可能使骨盆负荷过重,发育不良,影响骨环的正常结合,导致骨盆畸形。还会引起足跖神经缺血、变性,或形成嵌甲疼痛,年老后脚病更多、更重。

(2)不宜穿高弹裤。高弹裤紧裹裆、臀和大腿,通透性差,影响血液和淋巴循环,妨碍关节伸屈和身体正常发育,且极易造成少女外阴炎,出现外阴瘙痒、疼痛、红肿,排尿后瘙痒更甚,腹股沟淋巴结因感染而肿大、疼痛。

(3)不宜扎耳戴坠。少女的耳朵娇嫩,这时扎耳戴坠可造成人为的耳外伤,还有引菌入体造成感染化脓或引起破伤风的危险。

(4)不宜浓妆艳抹。每天脸部汗孔排泄大量汗液、油脂。少女浓妆艳抹脂粉，无疑会阻塞这些废物的排出，容易造成"化妆品斑疹"，影响面肌发育和健美。

(5)不宜拔眉描眉。眉毛有阻挡汗水、尘埃和保护眼睛的作用。少女的眉毛尚未完全生长发育齐全，这时拔眉和描眉等于除掉眼眸屏障，使尘埃、细菌无遮拦地直落眼眶，易患眼病。拔掉眉毛对眼眶周围的神经末梢是一种恶性刺激，会引起眼肌运动的失调，造成眼眶周围皮肤松弛，容易出现皱纹和眼睑下垂，成年后更加影响美容。

爱美固然没什么错，但是处于你这个年龄段，如果片面地去追求时髦，向成年女性学习装扮，那不仅会影响你的性格，还会对你产生危害，要记住现在的你，可爱就是美丽。

7. 拥有一颗美丽的心灵

人类的最高贵品格之一就是美，拥有美，你就能感受到生活的美好，让自己生活在神圣的美的氛围里。你越是能够在生活中发现美，越是在自然界、在生活中，在成人和孩子身上，在工作和休闲中，从外部世界和内心世界感知美，你就越接近成功，接近完美。

一个均衡与和谐的人生，一定是建立在对美的热爱的基础之上。高尚的人格和美好的事物会对你的生活产生巨大的影响。但你可能由于经常性的接触，并没有对这些生活中的美好加以注意。但不可否认的是，无论任何一种形式的美，都会使我们的个性更加高贵，更加优雅，更加完美。

　　如果你的心灵能够敏锐的感知到美，那么这种美将给予你无穷的活力，使你精神振奋、不再疲惫，并极大促进身体健康。不要把你全部的精力和时间都运用到对金钱和名誉的追逐中去，而让你的心灵的审美能力处于休眠的状态。如果你没有审美的能力，那你就不可能过上一种健康和谐的生活。你如果想成为一个优秀的女孩子，你就应该知道精神上品格和思想上的品性，才是最具有决定性的。

　　其实我们每个人都有一种寻找美，追求美的天性，而事实上也确实没有什么东西比让自己拥有这种美更有价值了！因为它的意义是那么深远，借助它，我们可发现生活中的美，并从这种美中得到精神上的享受。

　　如果你对美有强烈的热爱之情，那么你也会变得更吸引人、更有魅力。那些崇高的思想，那些美好的理想，会非常自然地展现在你的行为和言谈上。如果你热爱美，你就会成为一个生活中的艺术家。无论你从事的是什么样的职业，只要你热爱美，有审美的心灵，美就会让你的情趣得到升华，让你的人生变得更丰富，使你成为一个真正的生活艺术家。世界上没有什么东西能够像美一样滋润那些饥渴的心灵。

　　内在的心灵往往能产生出高贵的美。如果你希望自己的外在形象更加美丽，希望你的气质更加吸引人，你首先就得美化自己的心灵。因为你内心的每一个思想、每一个动机都会在你的表情和动作上得以反映。内心的丑陋和阴暗会使世界上最美的容貌黯然无光。优雅的修养、高贵的性情对于一个优秀的人物来说绝对是不可缺少的。即使你拥有的只是一张平庸甚而丑陋的面孔，内在的心灵美也会让你焕发出迷人的光彩。没有什么东西能够与宽容优雅具有的美相媲美。

　　如果你能够培养一种宽容优雅的精神状态，那么不仅你言谈举止所表达思想观点会迸发出一种艺术的美，你的身体也同样也是特别有魅力的。因为内在的美会使外在的美更加光彩逼人。在你的身上的确会焕发出迷人的优雅和魅力，这种精神上的美胜过单纯的外在美。也许你会有这样的经验：一个容貌极其普通的老师，由于具有迷人的个性魅力照样给你留下了非常难忘的印象。通过外在表情和行为展示的美好的心灵，反过来会影响你对一个人外表的看法，在你的眼里，这位相貌平凡的老师仿佛也变得光彩照人了。

实际上每个人都可以拥有最崇高的美。这种美其实并不取决于你身体、相貌，最关键的是你要拥有颗美的心灵。学识的修养、品德的陶冶、感知的触觉、情操的培育、智慧的增进，以及人格与思想的修炼，所有的这一切都能影响你的外形与气质，使你高贵卓越！

在你与朋友相处之时，你也应该谨记这一点，你们的友情应该是基于心灵深处的共鸣，而不是双方外表的虚像。最崇高的美并不是一种实际的存在，它是一种思想，一种心灵的追求，一种体现在某个人或事物上的美好品性，它能给人们带来莫大的喜悦和欢乐。

美好的心灵能够使无聊而又乏味的生活变得生机盎然，充满诗情画意，能够给自己心底最阴暗的角落带来灿烂无比的阳光，并能在最恶劣的条件下孕育优雅和恬静。

只要你具有这种心灵的美，你就一定能够感受到生活的美好。

这种美是你人生最大的财富，它在任何情况下都不会被夺去。

第八章
青春期困惑,女孩应该战胜的

青春期是女孩子成长的最关键时期,在这一时期,女孩子在生理和心理上都会或多或少的出现一些问题。但是,你不必为这些问题惊慌,只要应对得当,你就一定能轻松快乐地度过青春期。

1. 青春期的生理标志

青春期开始，很多女孩子都陷入了莫名的生理恐惧，心情总是反复不定，如果没有得到正确的引导，告诉她们其中的道理，很可能会使她们身心受到伤害。

从小女孩长大成为女人，都要经历青春期。在生理的多种变化中，最显著的就是月经的出现。少女首次阴道流血叫做"月经初潮"，多数发生在11—13岁。也有时间比较早的，如九岁十岁，或者比较迟一些，如十五六岁。大多数少女初潮时的出血量并不多，身体上也没有其他感觉。有一些少女甚至没有察觉，看到内裤上的痕迹，还以为自己受伤了呢！大多数少女会感到经血浸透裤子，有湿漉漉的感觉。

年级里第一次举办女生篮球赛，晓兰她们班打进了决赛，平时看上去挺单薄的晓兰，投起篮来还真准。下一节课就要决赛了，同学们都到了操场，只有晓兰没精打采地趴在课桌上，全没了前两天的斗志。班上的女篮队长莉莉冲进教室就喊：

"怎么了？大家都走了。"

"别喊了！我不行，不舒服！"

"生病啦？"莉莉走近晓兰，摸摸她的头，然后说："又没发烧，我跟你说，你要是不能参加，我们班就惨了，你就不怕……"

"你别说了，我哪里不想参加！只是……"晓兰无可奈何地说。

"只是什么？就是真的发烧也得去！"

"我可不怕发烧，但是现在我肚子疼。"

"好吧！你先休息，不疼了，就赶快来！我先走了！"

望着跑出教室的莉莉，晓兰心里很不是滋味，暗暗地说："早不来，晚不来！都是月亮惹的祸！"

放学的时候，晓兰主动向莉莉打招呼："嗨！不怪我吧？"

"那当然了！第一，我们虽然打得很苦，但是赢了，否则，大家会饶你么？第二，你虽然没上场，还是来加油了，态度不错。"莉莉正儿八经地说道。

"不怪我就好，其实，昨天你们打比赛，我简直紧张得不得了！"

"喂！"莉莉忽然小声对晓兰说："你到底怎么啦？来例假了？"

"你猜到了，想起第一次月经来临，我妈先是惊讶，而后又高兴地说：'我们家晓兰长大了！'长大了有什么好？挺碍事的。你说呢？"

"是你自己太小心了呗！我就不当回事儿！不过，你妈不错哦！我当时还问我妈：'这是什么啊！'她愣着不说，只是教我用卫生巾。"

"月经、例假、月事、生理期，还有好朋友，我还是喜欢叫它'好朋友'！"

"你怎么知道这么多呀？女孩怎么会有这种东西的呢？"

"这我就不知道了。"晓兰摆摆手，笑着说："都是月亮惹的祸！"

从小女孩成长为女人，经历青春期，其开始最明显的标志，就是月经，所以你不要为其大惊失色，要能坦然快乐地面对。

2. 不是月亮惹的祸

每月固定的日子,一样的疼痛,并不是月亮下的什么咒语,是有其一定的科学根据的。

进入青春期的女孩子由于脑垂体开始分泌促性腺激素,这种激素刺激生殖器官生长,促进性腺(女性卵巢)产生雌性激素,使得卵巢的卵泡逐步发育成熟。女孩子一生下来就有很多未成熟的卵,也叫卵泡。女孩的月经周期是从她来月经的第一天算起,月经周期通常是按28天计的,在周期的第五天(即月经开始后的第五天),大脑附近的脑垂体就向你卵巢内的几千个卵子发出信号,一些卵子开始成熟,通常只有一个卵子成熟,同时卵巢释放雌激素,通知你的宫内壁充血变厚,大约在14天后,成熟的卵子从它的卵泡中释放出来,移到卵巢表面排出。

排出的卵子到哪去了呢?被输卵管吸进去。同时破裂的卵泡产生孕激素,引起子宫内壁继续增厚,如果卵细胞在输卵管里遇到精子,就可能成为受精卵,子宫为了欢迎受精卵的到来,开始把自己的宫壁布置得软绵绵的,很舒服的,准备让受精卵生长成胎儿。但是,如果这个卵子没有受精,卵子就会破裂,雌激素和孕激素就会通知你的子宫,子宫里面准备的东西就没有用了。到24天,这些信号中断,子宫内膜开始破裂,到28天,内膜的碎片开始脱落,跟卵子一起经过阴道,排出体外。她的月经就开始了，因为里面有血液，所以月经会红红的、黏黏的，要用卫生巾垫着，才不会弄脏衣服。5天以后这个周期又周而复始，这样你的月经期就形成了。

女生的经血和身体由创伤流出的血液不同，它是由子宫内膜碎片、黏液和血液等组成的混合物，当她来月经时，尽管看起来流了很多血，但事实上并没有这么多。从月经开始到月经结束，全部的流量总和很可能只有1/4~1/3杯（1杯约250毫升），经血可能是粉红的、鲜红的、棕色的，或介于这些颜色之间，所有这些颜色都是正常的。每次行经时经血的颜色都可能不同，甚至在她行经期间，每天的经血颜色都会有所不同，这也是完全正常的。血遇到空气很容易变成棕色，当她的经血慢慢流出体外时，可能就逐渐显现为棕色。经血中有时会有厚厚的血块状的东西，这些有的是由经血形成的血凝块，有的是破碎的子宫内膜。在坐或躺了一段时间后，再改变姿势时，就很容易出现血凝块。当你坐或躺的时候，血凝聚在阴道的顶部，从而形成血凝块。这是因为在早上起床是最容易形成血凝块的。女孩不必对血凝块担心。

行经时间因人不同可能会持续2~7天，平均时间大约是5天。但每一次行经时间可能都不同，比如，这次月经时间是3天，下一次可能就会是6天。无论多大年纪，只要月经时间超过了7天，都可以看做是不正常的现象。如果行经时间一般都在7天以上，最好到医院去检查一下。因为经期太长，流量又大时，可能会导致贫血，不利于身体健康。

科学了解月经知识，不仅能使你身体健康，而且心里也不会产生什么负担。

3. 预测经期的方法

　　经期会因人不同而产生差异，有的则是自然的现象，经期不稳定只是相对而言，只要掌握了预测经期的方法，以及保护的措施，那么乱经是很难出现的。

　　晓兰与燕子是好朋友，经常在一起踢毽子、逛小店、聊天。但是，两个人的经期相差很大。谈到这件事，晓兰就喜滋滋的，因为她的经期时间比较正常，大多是二十七八天。燕子可就不同了，常常两三个月才来一次，晓兰就笑她是"四季红"。

　　可是，最近晓兰的日子不好过了。经期有时是20天，有时却是40天；搞得她无所适从，上课有时还会走神。晓兰想："是不是我被燕子给'传染'了呢？怎么搞的？月经变成'乱经了'。"她告诉燕子，燕子却乘机挖苦她："这个'乱经'确实传染，你不要靠近莉莉她们哦！否则，我们班就会全乱了！""你瞎说吧？"……

　　进入青春期不久的少女由于体内性激素的协调还不够稳定，在刚来月经的几个月内，会出现月经经期间隔不定的现象。有时间隔的时间比较短，有时则比较长，甚至超过半年。有一部分少女经过一两年，就会逐步稳定，形成周期。但是，也有一些少女会持续好几年的时间，有的要到20岁才逐步正常起来。

为什么会这样呢？刚刚来月经的女孩，她们的身体需要一段时间来适应行经和排卵。通常情况下，年轻的女孩行经时还未开始正常排卵。女孩来月经两三年后，排卵和行经才会有比较规律的模式。最初的几次行经，尤其显得没有规律，这时的月经周期通常是在21~41天之间。而正常月经周期在25~35天之间，来潮的天数为3~7天。因此测算起来比较方便。这里介绍两种常用的测算方法：

第一，日历法。周期正常的女孩可以用这种方法。假如30天是一个周期，前一次如果是5月5日，后一次就是6月4日左右（注意：5月有31天）。如果周期是35天，就应该是5月9日左右。这里的日期都是月经首日。

第二，体温法。这种方法就是通过测量体温来预测经期。因为，女性在排卵后体温会有升高的现象。而在体温最低的时候，就是排卵要来临的时期，以此可以测出排卵的具体时间。一般情况下，如果没有受孕，女性在排卵之后14天时，月经就会来临。因此，这种方法是比较准确的。不过，需要提醒你的是：①测量时需要使用妇女专用的体温计，上面的刻度比较精确，可以看出体温的细微变化；②测量的时间是在每天早晨起床之后；③每天固定在腋下或者舌下测量，因为，腋下与舌下本身有5度左右的温差。如果是在舌下，千万不要先喝热水或冷水哦！

如果经期不定，上述方法就不灵了。这种乱经包括两种情况：一是间隔的天数不对，像上面事例中的晓兰，有时间隔20天，有时间隔40天；二是来潮的时间不对，有时来潮拖拖拉拉十多天。

造成"乱经"的原因涉及很多因素，除了上面我们所提到的原因外，常见的是性激素的失调。但也有少数是特殊因素。如因为血液中缺少血小板，造成凝血困难，导致出血过多，因此，如果"乱经"有了较长的时间，最好到医院去请教医生。此外，有些人在两次月经之间流有少量经血，你要留心你的月经周期，记下内裤上血渍出现的时间和月经开始的时间。如果月经开始后两周出现少量的血渍，那可能和排卵有关，不必担心。如果血渍在其他的时间连续几个月都出现,就应当去看医生。所以不论经期正常与否,进入青春期的女孩最好记录自己的经期时间,一两年以后,对自己的情况就会很清楚了,这样可以及时地做好准备。

经期不稳定,一定要找到原因,如果不是自然病理的话,请赶紧看医生。

4. 如何得到好感觉

经期内,一般的女生都会感觉到身体上的不舒服,这不是一种必然。如果方法得当你还是会清清爽爽。

谁都希望在经期能够有清爽的感觉,但是,由于经血内夹杂着血液、子宫内膜与皮脂腺的分泌物,天气热的时候,还有汗水,因此,会有异味出现。初中女生如果上体育课之后,或者课间来不及更换卫生巾时,就会感到自己身上好像有难闻的经血气味。同时,经期的女生特别敏感,就会以为大家都会注意到这种气味,因此,感到尴尬与害羞,进而会影响到上课时的注意力。

解决问题的办法要从注意个人卫生开始。经期最好穿棉布的内衣,要及时更换卫生巾,每次间隔不要超过4小时。每天要用净水清洗下身,如果是夏天,最好每天淋浴。更换内衣裤时,可以用少量的爽身粉。这样不仅可以减少异味，还可以保持皮肤与肌体的健康。只用香水是达不到这种效果的。下面这种尴尬的事你遇见过吗？

"晓兰！"燕子一边喊，一边从后面赶上来。看见燕子焦急的样子，晓兰笑着说："怎么啦？这么急匆匆的！"

"好啊！那我就不说了。"燕子装出无所谓的样子。

"好了！sorry sir还不行么？"

"哎！这个态度还差不多！告诉你，你后面出问题了。"燕子在晓兰耳边轻轻地说。

"哇！这还了得！"晓兰真的着急了，"这可怎么办？"

"怎么办？谁叫你穿白色的裙子？"

清爽的感觉不仅在身上，而且要使得我们出行也很方便，不会遇到尴尬，因此，建议经期最好穿深色的裙、裤，同时要带上用于更换的卫生巾。使用卫生巾你可要注意了，目前市场上包装精美、价格昂贵的卫生巾比比皆是，可是，如果使用不洁卫生巾，或卫生习惯差，都会造成细菌感染，这在妇科疾病中是比较常见的。

从医生诊断的情况来看，由于卫生巾自身不洁而引起的感染很少，有些感染与患者自身操作不当有关，因为只要是合格卫生巾就不会携带超量细菌。有的女孩将卫生巾包装打开后又没有及时用，就胡乱用一张纸包好，与其他文具混装在书包里，这很容易导致细菌污染。还有的人在使用卫生巾之前，没有洗手的习惯，这样很不好。甚至有些人还习惯用手捋平卫生巾，从而将大量的病菌带到了卫生巾上。

还有很重要的一点，卫生巾和其他产品一样，也是有保质期的。有的女孩为图方便一次性买许多包卫生巾在家中存放，这一批没有用完又买了下一批，摞在了以前剩余的包装之上，这样压在下面的要很久才会用到，可能已经过了保质期限。况且卫生巾这种用品通常都是存放在卫生间，空气不通畅，温度偏高且潮湿，非常适宜真菌滋生。

妇科医生还提醒女孩，对待这种贴身的用品绝对马虎不得。市场上的卫生巾品种琳琅满目，一定要买合格厂家生产的，但并不一定最贵最高档就是最合适的。例如现在流行的干爽网面卫生巾，有许多过敏体质的人就不能使用，用后会出现红肿、刺痒等过敏现象。

注意爱护自身的卫生，这是保持好感觉的最佳窍门。

5. 解决"疼痛"的方法

经期的疼痛，即"痛经"是一种正常现象，也是可以解决的，其方法因人而异。

语文课上，年轻的李老师正在组织学生们讨论鲁迅的散文，莉莉的脸色一下变得很难看，似乎很痛苦的样子，李老师吓坏了，赶紧问她："怎么啦？什么地方不舒服？要不要去医院？"坐在边上的燕子却说："老师，不要紧，她过一会儿就会好的。"李老师不相信，对燕子说："你怎么知道不要紧？我看她脸色很难看，肯定是生病了，最好到医院去吧！"

晓兰站起来，走到李老师身边说："最近她经常这样，不要紧的。"然后，小声对老师说："女生的事情，你不知道的，你放心吧！"说话间，莉莉已经好多了，李老师与男生们都不知道怎么回事儿，但看到莉莉脸色已经恢复，也就不再过问，继续上课。

可是，过几天就要期中测验了。想起考试，莉莉就紧张，她一紧张，肚子就会一阵疼痛。

莉莉遇到的现象就是人们常说的痛经。痛经只是月经期间出现的一种症状，并非疾病。它是指月经来临前三五日至月经结束前，一些女孩子会伴随有下腹部间隔性疼痛，还有些女孩经常还有头痛、腰痛、腹部重压感、恶心、呕吐等不适症状。因此，这些女孩十分害怕月经来临，由此而造成心理不适、神经紧张、注意力不集中、容易疲劳等问题。大多数女孩子在经期会有一些不适的症状，但不一定有痛经。如果在痛经时，遇到像考试这样的事情，就可能加重自己的担心，使得心情更加沉重。

引起痛经的原因可分为三大类：①是功能性的，或原发性的痛经，即没有生殖器官病变或内分泌异常等原因，当子宫内膜开始脱落时，体内会释放一种叫前列腺素的物质，它会引起子宫肌肉收缩，帮助子宫脱落膜层。当这种化学物质分泌过多，会导致子宫收缩太剧烈，引起痛经。②是由于生殖器官的病变所引起，或称为继发性的经痛。如子宫内膜异位、骨盆腔炎症、子宫肿瘤及先天性生殖器官异常，如处女膜过厚等。③心理性的，痛经与心理因素也有很大的关系，有的女孩子初潮后一段时间并没有出现痛经，听说自己的同伴痛经，就下意识地认为自己也可能会肚子痛，到了月经前的几天，忧心忡忡，总觉得肚子可能会疼，结果反而会暗示肌体造成疼痛，或者加重本来轻微的疼痛。

莉莉下课后还是在晓兰的陪伴下，到了学校医务室。女校医是晓兰的姑姑，她温和地问莉莉："现在还疼得厉害么？""好多了。"

"那好，平时疼起来是什么情况呢？"

"我也说不清楚，有时很疼，没办法上课。"

"痛经有5种类型，你看看属于哪一种？第一，正常类型。月经来潮是毫无感觉，轻松自在；第二，轻微不适型。下腹虽有一些疼痛，不需要药物治疗；第三，疼痛速止型。只要吃一些药，就能很快止住；第四，药不离身型。需要很强的止痛药，才能克服；第五，无药可治型。最强的止痛药也没有用。"

校医还没说完，晓兰就插嘴道："姑姑，你怎么这么讲？你这一说她不更害怕么？"

"没什么！"莉莉赶快接上，"我大概是第二或第三类吧？"

姑姑看了晓兰一眼，仍然温和地对莉莉说："对呀！所以你应该感到很幸运了，没必要紧张！我开一些止痛药给你，你实在忍不住，就吃一粒，好么？"

"行！"莉莉点点头，晓兰则朝姑姑挤挤眼睛，算是打招呼。

解决痛经的办法要根据每个人的具体情况。前三类的女生有这样一些方法：①适当运动法。在月经来潮的这几天，若有小腹疼痛的情形，可做适当运动，因为运动能增强肢体中的血液循环。做完运动还可以洗个温水澡，这样会让自己的身体放松一点儿，心情也会轻松许多。②热敷法。用毛巾包住热水袋，放在腹部。其原理与前一种类似。③膝胸卧式法。在月经来潮数日，采用膝胸卧式，每日练习，以减轻疼痛。④快乐疗法。平时的生活都是家庭——学校两点一线，学习、吃饭、休息的生活没有变化，如果预计到自己要进入经前状态了，可以进行自我调适，在平静的生活中，来一点点变化。如到饰品店、文具铺买一样精美的小饰品或小卡片，或去鲜花店挑一朵喜爱的鲜花，插在小巧的瓶子里，放在自己的书桌上，也可以听自己喜欢的音乐，让自己的心情从郁闷中解放出来。⑤如果以上的方法都没效，可以请医师开一些药物，减轻疼痛。对于后两种情况，最好到医院去请教医生，根据自己的身体状况，由医生进行治疗，切不可自作主张乱吃药。

不必为痛经惊慌失措，要掌握方法自行解决或去看医生。

6. 不要有错误观念

月经虽然会给女孩带来身体的不便,但却一定不是什么晦气的东西,女孩一定不能有这种错误的迷信观念。

燕子的奶奶对她很溺爱,看到燕子一天天长大,别提多高兴了。当她听燕子妈妈说燕子已经有了初潮时,她先是再三叮咛燕子妈妈要当心。后来看到燕子,又对燕子再三嘱咐:"不要下凉水,不能着凉,否则会得关节炎。不要吃冷的东西,特别是你喜欢的冰淇淋,也不要吃太硬的东西,太甜的东西,那样会牙痛的。不过,要多吃猪肝,补补血。还有走路也别蹦跳、跑,要多休息……"

"好了!奶奶!我都知道了,您去看电视吧!"

"燕子,你可别嫌我唠叨,这是为你好啊!"

燕子的奶奶说得有道理么?

不少年纪大的人都有很多代代相传的人生经验,不过,有一些并没有道理。在医学发达的今天,我们应当接受经过科学验证的医学道理。燕子奶奶提到的问题,只要不过分,都不必在意。其实,就是没有月经,我们也不能无限制的吃冰淇淋。适当的甜食、运动反而对经期的女孩有好处。

至于日常饮食倒是应该多吃一些动物的肝脏、瘦肉、鸡蛋,当然还有大量的蔬菜。这些食物对青春期的女孩子来说,好处很多哦!

现在读一读下面的讨论，你认为晓兰、莉莉和燕子的看法谁更有道理？

期中考试的成绩下来了，教室里叽叽喳喳，同学们都在议论这次考试的情况。莉莉的数学、英语没考好，坐在那里生气。晓兰走过来对她说："嘿！别不高兴！失败乃成功之母。"莉莉好像没听见，自言自语道："我就知道有问题，真晦气。"

晓兰感到奇怪，问她："什么啊？什么晦气？"

"好朋友呗！就赶着考试的时候来，真讨厌！"

燕子正好走过来，听到这句话，就接着说："我奶奶也说这东西晦气，来的时候，不能往别人家跑，要是被人家知道了，人家会生气的。"

"我倒觉得没什么啦！"晓兰听她们这么议论，真感到意外。

燕子说："我也觉得没什么，但是这样的事谁说得清呢？"

尽管月经是正常的生理现象，但它有时会引起一些副作用，除我们上面提到的痛经外，有些人会感到头痛，疲劳困倦，情绪波动，失眠等。这些都是正常的情况，但在我们的社会中，很多人认为月经是脏的，会对人的身体产生不良影响，女人在行经期间会有霉运，这是由于人们对月经知之甚少。虽然今天我们知道月经不是由疾病和外伤引起的，经血是一种特殊的血，但人们对于月经鄙视厌恶的态度却延续下来了。这种态度使一些人甚至认为做女人是一件倒霉的事。难怪莉莉会有这种不好的感觉。

的确许多女孩每到生理周期都会觉得相当不方便。常有许多女性感叹：女人要是没有月经这个麻烦，日子会好过得多。但你知道吗，正常的月经对女孩来说有许多好处。

（1）可使人早期发现疾病。如果女孩已过18岁仍无月经来潮，或是女性以前曾有过正常月经，现停经3个月以上（不包括因妊娠、哺乳所致），就要去医院检查是否患有生殖道下段闭锁、先天性无子宫或子宫发育不良、卵巢肿瘤、脑垂体肿瘤或功能低下、内分泌等疾病。除此以外，月经的时间、量、伴随症状等的变化也是发现和诊断许多疾病的重要线索。

（2）可避免过量铁的伤害。有一种称为血色素沉着症的遗传性疾病，容易引起患者铁元素代谢失调，身体内会积聚过多的铁，铁过量会缓慢地导致皮肤、心脏、肝脏、关节、胰脏等处的病变。治疗铁过量的方法之一是定期排放一定量的血液。血色素沉着症引起的器质性损害在女性身上出现的几率大大小于男性，甚至几乎不发生，月经周期性的失血正好消耗掉了过量的铁。

（3）可促进造血功能。月经引起肌体经常性地失血与造血，使女性的循环系统和造血系统得到了一种男性所没有的"锻炼"，它使女性比男性更能经得起意外失血的打击，能够较快制造出新的血液以补足所失血液。实践证明，体重、健康状况相同的男女，因意外失去相同比例的血，男性会因此而致死，而女性则有抢救成功和最终康复的可能。

（4）女性判断自己是否怀孕的第一信号。育龄期已婚女性，以往月经规则，此次月经超过10天以上未来，首先要考虑是否怀孕了。确定妊娠以后，不准备生育的要尽快采取补救措施；想生育的，则要更加注意营养，避免接触烟、酒、农药、有害化学物质、射线等，避免服用可以引起胎儿畸形的药物。根据月经还可推算预产期，对孕期保健和孕期心理都是非常有益的。

不论你喜欢不喜欢，在你大半生中它几乎每月都会如约而至，你要充分了解自己的身体，懂得应付生理上的困扰，抛开烦恼，树立自信，做个快乐女孩吧！

7. 自慰的苦恼

自慰，并不是男孩的"特权"，女孩一般也会有这样的经历，女孩不要有什么负罪感，应该知道它只是一种达到心理平衡的方法而已。

女性自慰多发生于青春期，因为这个时期女子在性器官和第二性征发育的同时，心理上也发生着显著的变化。孩子的稚气逐渐消失，随着性器官的发育成熟，对异性开始有好感，开始有了性的要求，从而导致了部分人出现自慰现象。

随着青春期的到来，女孩对异性的想法会逐渐增多，再加上一些视觉的刺激，性的冲动难免就会产生，而通过触摸生殖器官发泄性欲，所以，自慰行为并不是一种可怕的病态症状，而是一个自然而正常的生理心理过程。实际上就像人饿了要吃饭一样，通过自慰化解性冲动是自然的事。据美国的一些心理学家调查，美国18岁男性青年，基本都有不同程度的自慰史，而女青年有这种行为的也占60%左右，我国青少年自慰的比例也不少，女青年当然也有这种现象。

虽然从医学的角度讲，自慰本身并没有什么危害，少女偶尔发生的自慰行为对身体不会有什么影响。但是过度的自慰或以自慰为嗜好则无论从生理上和心理都会产生一些不良的影响。

少女自慰危害主要表现在心理上：在初期自慰后，伴有生理性的快感，往往会发生惊慌、恐惧、不知所措的情绪。好奇心驱使她们到处寻找有关书籍，一旦发现这种行为不好时，她们会立即产生后悔、羞愧、担心、忧虑等心理，产生对自慰的自责犯罪感和恐惧感，这些心理成了她们沉重的精神负担。此后，她们会经常处于追求快感的动机与由此产生的自责的矛盾中。同时强烈持久的性心理冲动又必然引起头昏、失眠、食欲缺乏、注意力不集中、记忆力减退等现象，除了这些一般症状外，还可能产生抑郁症、强迫症、精神异常，严重时会损害身心健康。由于女性的解剖生理特点，其自慰造成的另外一些危害也是不能忽视的。

少女在自慰时，由于手和异物的不清洁，很容易将病原体种植于体内以致引起感染。这种生理危害主要表现在以下几点：

（1）女性尿道大约4厘米长，不及男性的1/3，而且又接近阴道，自慰可以引起尿道口充血及轻微的损伤，病原体能够通过短而直的尿道，很快上行感染到膀胱，甚至肾脏，造成感染。轻的可有尿频、尿痛等不适，严重时可腰痛、发冷、发烧。如果治疗不及时，会成为慢性炎症，并经常发作。

（3）女性阴道也只有7—8厘米长，正常情况下阴道口是闭合的，起到一定的保护作用。自慰可使阴道口张开，将病原体直接送入阴道，也极易上行感染，引起子宫、输卵管炎症。

（4）性冲动时白带增多，同时阴道口的前庭大腺也会增加分泌液体，这些物质是供给细菌生长发育的良好条件。自慰可把细菌带到生殖器官内，更容易引起发炎。

（5）正常情况下，女性阴道内是酸性环境，对防止细菌繁殖起到一定作用。但是，当月经期和月经来潮前后，这种环境有所改变，又为病原体的生长创造了条件，如果在这阶段自慰更容易造成感染。另外，即使没有直接造成炎症，临床证实，在性兴奋的情况下，生殖器官是处于充血状态的，经常处于充血状态时，会使月经过多，造成生殖器官发炎。至于有些人在自慰时还向阴道内放置一些异物，这不仅增加感染机会，有时还能造成损伤。

因此，青春少女要妥善安排自己的工作和生活。业余时间多参加一些有益的文体活动和社会活动。不要看黄色低级庸俗的书画影视，养成有规律的作息时间，按时睡觉，按时起床，睡觉时被褥不宜过暖过重。内裤最好用软质布料，不要太紧太小。要勤洗勤换，睡觉前清洗外阴，月经期最好每日清洗两次。睡眠不要俯卧位，以右侧为宜。此外，乐观开朗的情绪，丰富多彩的生活都会使青春少女强身健体，身心健康。

自慰并不可耻，但不能将它当成一种习惯，这于身心都是有害的，你应该将自己的精力多多转移，注意你的作息。

8. 胸部烦恼早消除

随着青春期女生心态的成熟，对于身体的变化她们会特别注意，而对于变化最明显的乳房，她们更会思虑万端。

燕子有一次看电视时，看到了电视广告中的隆胸术。这则广告中有一句话引起她的特别注意：没有隆起的胸部，就没有女性的自信。她下意识地看看自己的胸部，觉得比较扁平，既不如晓兰，也不如莉莉，怎么办呢？难道要去隆胸么？而晓兰的烦恼正好相反，害怕别人的眼睛看到自己不断隆起的胸部，希望能够将胸部遮挡住。至于莉莉烦恼的是另一件事情，有一天，她发现自己的乳房左边似乎大一些，不对称么？这可怎么办呢？而且，在"好朋友"来到前，乳房还会微微疼痛。是不是有问题了？要不要去医院呢？

青春期乳房发育的确有早有迟，即使发育的时间相同，由于种种因素的影响，还是有快有慢。乳房本来是乳腺膨胀而逐步形成，乳腺周围有很多皮下脂肪，皮下脂肪越多，乳房就会显得越丰满。决定乳房中的脂肪含量的最主要的因素是遗传。体重与乳房的大小没有多大关系，但乳房的大小并不影响哺乳，而且，在青春期发育的时候，也不能就决定今后发展的结果。对于青春期的女孩来说，乳房偏小有可能与发育的早晚有关，和青春期出现的任何生理变化一样，乳房的发育早晚快慢因人而异，乳房开始发育的早晚并不影响乳房以后发育的快慢，也不影响你成年后乳房的大小和形状。只要各方面发育正常，不妨等到20岁以后再考虑乳房发育是否正常的问题。在各种广告和影视剧中经常出现一些乳房丰满的女性形象，这使一些女孩刻意追求乳房的丰满，但处于青春期的女孩如果盲目地施行隆胸手术会造成乳房发育不良，更重要的是，我们应当注重自然美，因此，最好通过适当的锻炼来促进乳房的健美。当然，对于年满17岁，乳房尚未发育的女生来说，就需要去医院检查了。

至于束胸当然是有害的。因为青春期的呼吸功能在不断增强，肺活量也迅速增大，肺的重量增为出生时的9倍。与此相适应，随着骨骼的发育，胸廓亦不断增大。此时束胸，必然会影响胸廓的增大与扩张，阻碍肺的发育，减小肺活量，影响呼吸功能。这可是很危险的哦！此外乳房是授乳器官，青春期束胸，也必然会使乳腺腺泡发育受阻，影响乳房增大，从而使将来的授乳功能受到影响。

莉莉的问题也不必担心。实际上，乳房并不一定完全对称，很多人都是一边稍大,一边稍小。这是因为两边乳房对雌激素的反应是不一致的,腺体增生活跃的那边乳房就会大一些。另外,右手干活的人右胸大肌发达,右乳房显得大些。而左撇子可能显得左侧乳房大些。这种情况到发育成熟时就会消失。另外许多女孩在月经来潮之前乳房肿痛。这也是正常的生理现象,月经前10天左右,受女性荷尔蒙的刺激,身体内的水、盐分聚积在下体、乳房等处,此时会出现乳房肿胀疼痛的现象,等月经来了以后这种肿痛的现象就会减轻或消失。

　　乳房的问题不能小视,但也不要为其过多的烦恼,要科学地对待它的变化。

第九章
情感误区，女孩应该避免的

早恋不是一种成熟的爱，它是无果的花。如果将青春消磨在没有理智的感情游戏中，你最终所能尝到的只会是惆怅与痛苦。

1. 异性关系的变化

随着年龄的变化,女孩对男孩的感觉也会产生不同的变化,在十四五岁的时候,女孩通常都会进入一个"初恋"时期。

从幼儿期到18岁左右,男孩与女孩的关系一般经历四个时期:

第一,异性无差别期。男孩和女孩在小学低年级处于两小无猜、青梅竹马的阶段。

第二,异性疏远期。进入小学中年级以后,男孩与男孩、女孩与女孩玩得最高兴,男孩觉得女孩怪怪的,女孩则觉得男孩很讨厌,有时甚至出现男孩与女孩相互敌视的情况。

第三,异性吸引期。从小学高年级开始,到初中阶段,首先是一些女孩开始对学习成绩好、体育也很棒的男孩产生好感,男孩也逐步开始对女孩产生好感。异性之间互相观察、欣赏的兴趣增加,比较注意异性的谈话、表情、动作。而且开始注意自己的服饰、举止,想给异性留下好印象。

第四,异性初恋期。从初一、初二到高中,部分学生开始有了自己人生旅途上的第一次初恋。在年龄相近的异性中,发现较喜爱的对象,给予特别的注意与关心,寄予特有的期待。感情上希望多接触、多交往,而理智上又有种种顾虑。有的孩子,此时的注意力可能在几个异性身上徘徊。

这一阶段，孩子更注意自己的外貌和打扮。

燕子在那次经历之后，发现自己开始注意天明了，天明很爽气，虽然话不太多；天明个子很高，虽然长得不太漂亮。走在那条街道上，燕子还希望看到那个骑车的身影，甚至想着：要是他带上我，那一定……"呀！"燕子的理智警告自己不能胡思乱想，这样很不好，自己在人家眼中还不知道是个什么样子，要是被他或其他女孩知道自己的心思可不得了，想到这里，燕子感到自己的脸刷的就红了……

天明的心中也有一个偶像，但不是燕子，而是邻班上的女生。天明很喜欢钢琴，小时候学过两年，后来中断了，也就忘记了。有一次，在艺术楼他忽然听到优美如流水般的琴声，就情不自禁地走到音乐教室，看见一个女孩非常投入地弹琴，细长的指尖在黑白相间的琴键上缓慢移动……天明听了一会儿，慢慢走开了，可是这一幕情景在他心中久久不能忘怀。后来，他才知道她是邻班的，但是，他一直不知道她的名字，也不好意思问，只是在她出现的时候或者一个人静下来时，默默地想着她。

其实燕子和天明的心理感觉都是正常的，因为处于青春期的少男少女对异性好奇、好感、想接近异性是正常现象，是性意识发展到一定阶段的必然表现。有这种表现，是生长发育过程中的正常现象。有这种心理并自然而正常地表现出来，是开朗、纯真的表现。

在青春期，对异性产生期望与好感，这不是真正的爱恋，你一定要认识清楚，把它当做一种正常的、纯真的关系。

2. 从暗恋开始

绝大多数初恋开始于暗恋，暗恋又称单恋或单相思。

中学阶段，进入青春期的男女生都有可能出现。其主要表现为对某一位异性单方面的爱恋。这种单恋的对象既可以是自己生活中熟识的同学、朋友等，也可能是萍水相逢、仅有一面之交的陌生人，甚至某些影视、文学作品中的人物。

奥地利作家茨威格在他的名著《一个陌生女人的来信》中便记录了一则悲剧式的暗恋故事。故事的主人翁著名小说家R接到了一封女人的来信，她向他诉说了13岁时就开始的对他的爱情。信是这样写的：

我亲爱的，那一天，那一刻，我整个地、永远地爱上你的那一天，那一刻，现在我还记得清清楚楚。……那天，我跟一个女同学去散了一会儿步，我们俩站在大门口闲聊。这时驰来一辆小汽车，车刚停下，你就以你那种急不可耐的、轻捷灵巧的方式从车上一跃而下，这样子至今还叫我动心。你下了车想走进门去，我情不自禁地给你把门打开，这样我就挡了你的道，我俩差点撞在一起。你看了我一眼，那眼光温暖、柔和、深情，活像是对我的爱抚，你冲着我一笑，用一种非常轻柔的、简直可以说是亲昵的声音对我说："对不起，小姐。"

全部经过就是这样，亲爱的；可是从我接触到你那充满柔情蜜意的眼光之时起,我就完全爱上你了。……"这人是谁呀?"我的女同学问道。我一下子答不上来。"唉,住在我们楼里的一位先生呗!"我结结巴巴笨嘴拙舌地说道。"那他看你一眼,你干吗脸涨得通红啊!"我的女同学,一个好管闲事的女孩子,连嘲带讽地说道。可是恰巧因为我感觉到她的讽刺正好捅着了我心里的秘密,血就更往我的脸颊上涌。窘迫之余我就生气了。我恶狠狠地说了她一句:"蠢丫头!"我当时真恨不得把她活活勒死。可是她笑得更欢,讽刺的神气更加厉害,末了我发现,我火得没法,眼睛里都噙满了眼泪。我不理她,一口气跑上楼去了。

你使我整个生活变了样。原先我在学校里学习并不太认真,成绩也是中等,现在突然成了第一名,我读了上千本书……因为我知道,你是喜欢书的……我以近乎顽固的劲头坚持不懈地练起钢琴来…因为我想,你是喜欢音乐的……

这个13岁的女孩因为作家看了她一眼,就忽然坠入了情网,死心塌地要把自己的一切全部献给作家R。这种感情无疑是很真诚的,但是这样的单恋又是充满了幻想的。这些幻想都把对方想象得无比美好,并有在幻想中夸大对方、贬低自我的倾向,这当然是毫无理性的。在旁人看来很可笑,可当事人却是很认真的。

暗恋通常包括三种形式:第一种是由内心爱慕对方,可无法表示出来;第二种是把与对方交往和友谊错认为是"有意"或"暗示",而产生的"爱恋错觉";第三种已被对方拒绝仍痴情不改的单恋。前两种比较容易发生在初中阶段,一般情况下,单恋的倾向会逐步淡化,有时因为理智告诉自己,这是不可能的,才十几岁,还有很重要的事情要做;有时则因为发现对方的缺点,于是从幻想中一下挣脱出来,从而能理智地看到对方并不是心中真正的白马王子或者白雪公主;也有因为自己的注意力集中到其他方面而逐步忘记;可是,也有陷入情感漩涡,无法自拔的。

暗恋很可能只是你一厢情愿的幻想性行为,你要能理智地去处理,不要让情感幻想主宰你的行为。

3. 暗恋怎样去处理

暗恋会给人们造成很大的痛苦,尤其是情感还未成熟的青少年,那么如何去处理呢?这是一种两难的问题,它不能两极化,否则都会给你造成巨大的伤害。

我该怎么办?我实在受不了。我们班上有位男同学,她英俊潇洒,聪明开朗,举止文雅,成绩又好,尤其是那炯炯有神的眼睛和爽朗的笑声,简直使我魂不附体。他的身影老是在我的脑海中晃动,我日思夜念,多梦失眠,饮食无味,精神不振,注意力不集中,成绩下降,难以自拔,真不知该怎么办?一位陷于单恋漩涡中的女生对心理老师倾诉着。

暗恋是一种不可能得到回报的情感体验。暗恋比较重的人往往脱离现实生活,沉醉于自我幻想或想象的虚幻情境中难于自拔,常常表现对单恋对象的强烈关注、幻想和冲动等。但这一切都是在对方毫无觉察,或得不到对方认可的情况下产生的,因此导致单恋者内心强烈而痛苦的心理矛盾。

许多暗恋的人对自己内心深处的情感很难启齿,羞于向他人诉说,这就会加深他们的苦恼，很容易产生心理障碍和心态失衡，发生情感失控，不顾一切地去做自己幻想中决定的事情。这一时期会出现注意力分散、思维迟钝、意志消沉等现象，给正常的学习、生活和身心健康造成很大的影响。严重的还会丧失理智，造成妄想、抑郁等心理疾病。

暗恋的出现有时是很偶然的，但它的出现并不是道德败坏，也不是心术不良，而是青春期很普遍、很自然的一种心理现象。但是，如果深陷其中影响到正常的学习与生活，就需要认真对待了。这种困境解决得好，有利于我们顺利地渡过情感波折的时期，走向情感的自控与成熟。

第一，学会运用理智。中学生已经开始形成自己比较独立的思考能力，已经能够理智地解决很多问题。因此，一旦出现这种情感波折，完全可以通过理智来摆脱情感的纠葛。这种理智的出发点是尊重自己，也尊重对方，充分认识到暗恋的空想性；

第二，学会转移注意力。要尽可能让自己融入集体活动中，参加各种丰富多彩的课余活动，或者加大学习探索知识的力度，让自己的注意力从情感的漩涡中转移到现实的生活中来。

第三，学会情感自救。最痛苦的情况是：当自己鼓起勇气向对方表白时，遭到拒绝。有的同学会突然觉得自己苦苦追求的是一场梦幻，或者认为会被别人耻笑，甚至觉得今生已无意义，选择绝望的道路。其实，如果冷静地看这个问题，你会发现：被拒绝实际上是必然的，因为你的一切幻想都是从自己的愿望出发的，并没有考虑别人的想法。当然，有很多同学很清楚这一点，只是觉得心里很不好受。你可以大哭一场，这对你来说，也是人生必经的一次磨炼和情感体验。美梦惊醒的那一瞬虽然痛苦，但是，你很快会发现这也并非世界的末日，吸引你的事情还会不断地出现。也可以找到自己信赖的人，把自己的苦闷与烦恼说给人听，一起讨论解决的方法。

男生与女生之间可以有真正的友情，但在别的人眼中，难免会变了味道，而且这种友情确实很难把握。

　　解决暗恋的方法就是要你理智地去分析这段情感，将注意力转移到别的方面，另外若为人拒绝，也不要痛苦，要能很快的清醒，在情感上拯救自己。

4. 友情的距离很难把握

　　异性交往要保持人与人之间的纯洁情谊，不要向更深的方向发展。

　　学校的运动会进入第二天，强强班上的成绩很不错。男生的得分王是天明，女生的得分王是莉莉。他们成为同学们的新偶像，自然引人注目。到这一天的下午，强强看到晓兰、燕子等好几个女生叽叽喳喳，议论纷纷，他以为是谁在比赛中失手了。于是赶紧跑过去问晓兰，刚接近晓兰，就听见人群中一位女生在谈莉莉与天明一起买可乐，那神情看上去既尖刻又神秘。

　　"怎么啦？"强强问晓兰。

　　晓兰转过身来对强强笑笑，"不好说。"

　　强强奇怪了，"什么事情不好说？"

　　燕子走过来，生气地对强强说："不好说就是不好说，你问什么？

晓兰咱们走，别听他们嚼舌头！"说完就和晓兰走开了，搞得强强一头雾水。很快，班上就传说天明与莉莉谈恋爱了，大家看到他们都有异样的感觉。强强找到天明，想开口，又觉得说不出。到是天明很坦然地说："听到她们嚼舌头了吧！就让她们多费点儿口水吧！"

男生与女生可以做朋友么？小的时候这不是个问题。可是长大以后，这个问题就复杂了。一个男生与一个女生单独在一起，很多学生就会敏感，虽然不知道他们在谈什么，但是，人的想象力会编织出很多可能性，就会往谈恋爱方向去想，如果什么事也没有，传言一过，也就风平浪静了。然而，对于当事人来说，传言的压力是很大的。特别是有的学生把捕风捉影的事情向老师汇报，而老师与家长如果也产生误解，就会对当事的学生造成很大压力。

放学的时候，班主任把天明请到办公室。天明挺纳闷，怎么老师也相信谣言？果然，班主任问他："听说你和莉莉挺好，是么？"

"老师，你误解了，我们只是一般的朋友。"

"我也希望是误解，你还是谈谈怎么回事儿吧？"

天明很气愤，也很难受，都是那些死丫头多嘴多舌。老师看他不说话，就语重心长地说："天明，你是一个有自控能力的学生，这种事情容易造成分心，导致学习受影响。再说，你们还小……"

"老师，你听我说一句好么？"天明打断老师的话。

"行，你先说吧！"

"真的没什么事，那天运动会我去买可乐，正好莉莉走过来，当时人比较多，我就帮她买，然后，她很感谢我，我们就一边走一边谈班上比赛的事情。被几个女生看到了，她们就胡说八道。你不信，可以找男生来问问。"

"哦！如果是这样，倒没什么，我还是相信你的。不过以后与女生交往要注意。"

天明一边点头，一边与老师告别。同时，心里还是觉得受了很大的委屈，"我做什么了？我没犯错误啊？这帮尖嘴婆！"

进入青春期的青少年，性生理上的急剧变化引起了心理上的一系列微妙而复杂的反应。异性间的相互交往及由相互吸引而产生的愉悦的情绪体验是一种良好的、积极的情绪体验，它不仅对身体健康有很大的影响，而且对整个心理活动都具有大量的生理效应，可激发人的潜能，使人敏捷活跃而奋发向上。坦诚的正常交往对于青少年的身心健康及学习生活都有着良好的促进和影响。

如果是真正的友情，就千万不要动摇放弃，但在这之中你一定要把握住分寸不要给对方或别人以另外的想法。

5. 如何区别友情与爱情

上文中天明对老师的批评自然感到不服气，但这其原因关键就在于老师和同学，甚至自己都不能正确的分清友情与爱情，如果能在这一点达成一致，试问，这种情况还会产生吗？

友情即朋友间的交情，是指有共同兴趣、爱好或者志向的朋友之间的感情，它是由有相同兴趣、爱好或者性格相似的人结成的一种彼此关心、相互帮助的友情。它不分男女，没有范围和年龄的限制，这种感情是比较广泛的，特别是不排他的。排他的意思：是"两个人相处绝不允许其他朋友加入，男生的异性朋友如果与其他男生在一起，这个男生就会感到不安、紧张、甚至嫉恨，同样，女生也是如此。"友情的结束并不对彼此造成心理伤害，因为友情是多元化的。例如中学时代结束了，中学同学间的友情可以结束，也可以持续，不少同学在大学时代又有了情谊深厚的朋友。

而爱情则恰恰相反，它的显著特点是具有排他（她）性，它要求相爱的双方感情执著、专一。它含有以下几方面的内容：两性之间在体貌上互相吸引，在精神上产生共鸣，在文化层次、教养水平、人生目标、价值观念及生活方式、审美情趣和兴趣爱好等方面都具有相当的一致性。爱情包括了精神上的追求、物质上的追求。而且，爱情发展到一定程度，双方渴望通过婚姻的形式以求获得合法的结合，并承诺终身相守。

这就是说当两性间存在的只是友情，那么他们彼此都不受约束，并乐于和更多的同性或异性同学交往。反之，如两性间出现了爱情，那么任何一方都会干预对方的行动，或暗中因为对方继续与他人的交往而苦恼、嫉妒。

从这个区别来看，排他性是最关键的。可是，有人提出"中学生能知道什么是爱情么？光是两个人好，就是爱情么？"是的，我们在前面的讨论中知道爱情可不仅仅是排他的，爱情也不仅仅是两个人心心相印，还有很多。所以，如果你感觉到你比较喜欢一个人，可不要马上就自我暗示"我爱上他（她）了！"青春期的好感与成人的爱情还是有很远的距离的哦！但是，如果像天明与莉莉那样被人误解该怎么办呢？

"我从来没有被人误解过，我也没有违反纪律，为什么她们要说我？"莉莉边说边哭，晓兰、燕子都在旁边安慰她。

老师笑着说："你的事情我已经知道了，我相信你。听着——"老师加重了语气，莉莉抬起头来，两眼含着泪水看着老师。

"你和天明对班级的贡献很大,可是却被人误解,一时想不通是自然的,如果这件事情发生在我身上,我也会感到委屈,感到难过的。所以,我很理解你。我想晓兰和燕子也理解你。"

"对!我们都理解你,别听别人胡说。"燕子赶紧表态。

"不过,话又说回来,事情已经发生了,我们就要用正确的态度去对待它。只要自己行得正,不怕别人说三道四,谣言自然会过去的……"

果然,此后,两人仍旧像以前那样保持着朋友的关系,而流言却几乎再也没有了。

只要你能真正地认识到友情与爱情的区别,认识到你与男生只是友好的同学关系,那就光明正大地继续下去。

6. 与男孩交往,要学会尊重

青春期,异性交往的最重要法则就是互相尊重,千万不能越雷池一步。

中学阶段是我们学习同所有人交往的时期,特别是异性交往。如果一个人在青春阶段缺少与异性同学交流的经历,长大后容易出现异性交往障碍。但是,异性同学间的交往又是要适度的,否则,轻则造成误解,重则引起当事人的情感纠葛。那么,中学阶段,男女生交往要注意哪些问题呢？

第一是学会尊重。不论男生女生，相互的尊重是最重要的。尊重意味着要学会约束自己的言谈举止，男女生不应打打闹闹，动手动脚，说脏话，不开无聊的玩笑。在正常交往中要保持一定的距离，并以坦诚的态度相处。

第二还是尊重，不过是尊重自己。尊重自己意味着重视自己的品质，肯定自己的形象，做一个诚实、负责任的人。当别人误解时，要敢于肯定自己，不受谣言的影响。

第三是广交朋友。不同类型人有不同的优秀品质，如果有多个同性朋友或异性朋友，就会让我们取长补短，同时也让我们学会与不同性格的人打交道。此外，也能使我们在遇到困难的时候得到很多人的帮助，不会陷入情感漩涡而不能自拔。

第四是不要对男女生的正常往来想入非非，甚至添油加醋地传播谣言。一旦真相大白，这种品质的人就会被人们瞧不起。

所以男女同学在交往中既要无拘无束，坦诚相待，相互激励，共同进步，又要注意男女有别，适当把握异性之间交往的"度"，才能使异性交往健康顺畅地进行。我们来看下面的顺口溜，对你会有帮助的哦！

世上有男也有女，和谐相处才有趣。

个性特质人人异，互相尊重是第一。

男生女生皆平等，彼此欣赏多和气。

要想幸福心牢记，顺利度过青春期。

其实，在青春期青少年之间的感情纯洁而又朦胧。它是美好的，有诱惑力的，但又是不成熟的。中学生无论从年龄、阅历、知识、成熟性方面，还是人生的精神和物质准备方面，都不具备爱情所需要你投入的资本。此时的双方，并不懂得自己的恋爱有何目的，无法预测爱的结局，往往是身不由己地陷入某种情结。虽然大多数学生都能把自己的精力放在学习上，把那份纯洁而美好的情感珍藏起来，但遗憾的是，仍有少数的少男少女们还徘徊于危险的边缘。中学阶段谈恋爱的绝大部分人处理不好学习与感情的关系，影响学习。许多学生对爱情的理解很单纯，认为爱就是爱，不附加任何社会因素，而对什么是真正的爱情，以及爱情所包含的社会责任和义务，知之甚少。更重要的是中学阶段的恋爱很容易转移你对学习的注意力，松懈你的意志，甚至在性冲动情况下做出非理智的事情，从而给双方身心造成终身伤害。这就是为什么中学时代不能谈恋爱的原因。所以青春期的少男少女们与其匆匆步入爱河，不如让我们静静地等待它的成长。

一位相貌清秀的高中少女由妈妈陪同走进医院。在妇产科里，医生给少女检查完，对她的母亲说："胎儿已经接近4个月，如果引产将胎儿打掉，就会对她本人造成危险。你们要慎重考虑！"

母亲一听心急如焚，她急切地对医生说："她才刚满16岁，怎么能有个孩子呢？她以后可怎么办？"

"您先别急，我理解您的心情，可是引产确实有风险，你要想清楚，要不你们先到隔壁的房间商量一下？"

从医生办公室出来，母亲的脸色惨白，少女低着头不敢看母亲一眼。到了房间里，少女的眼泪滑落下来，她不知道自己究竟干了些什么？脑袋里一片空白。这时，班主任老师领着一个男孩走进来，男孩稚气的脸上充满恐惧与不安。接着，少女的父亲也赶来，他一进门就狠狠地瞪着男孩，在了解了少女的情况后，他对男孩吼了起来："你这个小畜生，你干的好事，我非揍扁你不可！"老师一把拉住他，劝他冷静一点。他才静下来，用严厉的口气问道："你说，究竟怎么回事儿？"

此时，少女已经泣不成声，男孩则一五一十地把经过讲出来。

原来他与女孩开始并没有什么，只是在春游的时候他帮她拿过东西，后来又有几次接触，也没什么大不了的事情。可是后来全班同学都在说他们两人谈恋爱，时间一长，反而弄假成真。因为，他不愿看到女孩与他一起受委屈，几次安慰、交谈之后，有了依依不舍的感情。他们觉得自己反正被大家看成是坏孩子了，也就对什么都无所谓了。有一天，他和她在一个舞厅玩，老板引诱他们看黄色录像，最后控制不住，就出了事情。但是没想到会导致这样的后果。

少女的父母听了目瞪口呆，他们不知道自己的孩子经历了那么多事情，而自己全然不知，整天在外边忙着挣钱。男孩最后表态："我愿意帮她一辈子，一切责任由我承担！"

"你懂什么？你能承担什么？你才多大？你自己还照顾不了自己！"少女的父亲铁青着脸，问得男孩抬不起头来。

老师则冷静地对两个孩子说："本来这件事情只是一个误解，你们被传言所迫，最后破罐子破摔，干脆在一起早恋，我曾经劝过你们，你们答应不再单独在一起，可你们还是分不开，最后被坏人引诱出了事情。事已至此，撕开的纸不能复原了。要吸取教训，但也不要心灰意冷，今后的路还长着呢！"

是的，今后的路还长着呢！可原本求学、立业的计划被打乱了，今后会走什么样的路茫然一片，付出的代价是惨重的，这件事究竟怪谁呢？

在日常生活中，谈到爱很多人会联想到性，有人甚至把爱和性混为一谈。许多女孩甚至认为在真心爱一个男孩的时候，把贞操献给他才能增进或维持两个人的爱情，这引起许多未婚先孕悲剧的发生。

年轻的女孩必须了解，爱和性是两码子事情，女孩爱父母亲人，爱同性的朋友，爱自己的宠物，跟性都没有关系。相反的，跟一个不相爱的人发生性关系，却并不是不可能的事情。在结婚以前，爱和性混为一谈，会引起危险的后果。有许多女孩心里有甜蜜的爱情，但对性未必感兴趣。而发生性关系不是两情相悦的必要条件。

有人以为婚前获得性经验可以使结婚后的性生活格外美满，其实并非如此,据美国婚姻问题专家汉密尔顿调查的结果显示,男性和女性都发现,妻子在结婚时还是处女的婚姻,要比妻子有婚前性经验的婚姻"美满得多"。

更危险的是女孩随便献出身体,有时不但不能增加男孩对她的爱,而且会被"征服"她的男孩认为她"下贱"。在这种情形之下,性关系反而会使女孩失去爱情。更危险的是,女孩如果一旦为了表达对男孩真心相爱而让他突破防线,从此她将变成另一个人。她会从一个单纯的人变成一个跟男孩一样容易"冲动"的人。许多未婚的女孩"随便"跟好几个男孩发生性关系的现象,就是这样造成的。

所有好女孩都应该了解这些状况,了解得越深,越能保护自己。女孩在发生婚前性关系以前必须知道,一旦进入新的领域,就无法回到往昔的安全境界,在目前的半开放社会里,她的处境非常不利,为了表示深爱某一个人而错误地付出这样惨重的代价,毁掉自己是不值得的,往往是一失足成千古恨。

与男孩交往,一定要把住尺度,千万不能把自己的身体当成筹码,要能尊重自己和对方。

7. 迷恋男老师，怎么办？

女生在青春期接触最多的成熟男性除了父亲之处就是老师了，由于老师有着截然不同于小男孩的风格，有些比较早熟的女生很容易陷入对老师的迷恋中。

有一位父母向心理老师咨询，是这样说的。我有个读小学六年级的女儿，平常课业发展都很平均，每科成绩相差都不会太大。但自从她升上六年级，自然科的分数很明显地提高许多，我很惊讶她对自然科的突然偏爱，还暗自庆幸我的女儿终于发现自己的兴趣所在了。前些日子，女儿的好同学来家里找她玩，两个关起门来在房间里叽叽喳喳地谈个不停，我因为送水果点心到她的房间，不经意地听到一件意想不到的事——我的小女儿暗暗喜欢上一个人，对象竟就是她那年轻潇洒的自然老师！真是太让我吃惊了，难怪她的自然科成绩变得这么好！能对课业专心，虽然是好事一件，但像我女儿这样是"有目的"地读书，这种现象我究竟该喜？该忧？到底是好？是坏？我真不知道如道该如何是好了。

9~13岁的青春期前期是个体迈向独立自主的起步阶段，这一时期的儿童教育对父母来说非常头痛，父母亲的耐心与同情心在此时受到严重的挑战。此时孩子开始蔑视父母所教导的规矩，变得粗野、随随便便和不顺从，喜欢嘲弄兄弟姊妹，互相拌嘴争论，没有一刻能安静下来。心不在焉，对大人所说的一套开始存疑，不再全盘相信。

青春期前期的女生普通有一个特点，就是和同性友伴间的友谊最为亲密，相对地显得与父母、家庭较为疏远。在这几年当中，对女孩的人格发展很重要的是，让女孩子和她的友伴培养亲密的关系，使她们得以分享彼此的兴趣与活动，这也是将来和异性建立亲密关系时不可或缺的基础。

据学者们研究发现，青春期前期女孩与异性的关系，常会表现出一种新的态度，她们对异性怀有一种浪漫的兴趣。加上现代大众传播的发达，有些比较早熟的女孩子，早已视"恋爱"或"约会"为极自然的事。为人父母者面对这时期的女孩，有关敏感的男女问题，往往不知所措，而此时的女孩也比较懂事，对大人们所禁忌的问题也不敢随便发问。然而这时期的儿童非常需要父母适当的了解与引导。

就这位焦虑的母亲的问题，我们可以采取以下态度来面对儿女的成长。

（1）先准备好自己，以开放的心境去了解实情。找个合适的时机，像是在话家常时或者女儿与她同学谈起她所仰慕的老师，而你在无意间听到了，便可以闲聊的方式加入她们的谈话，跟她们说："你们的自然老师长得蛮不错的（如果你见过），你们班同学大概都很喜欢他吧？""你们自然课是怎样上的？"试着去了解孩子的想法，不要逼问或刺探她，若女儿不愿多说也就算了，也许过一阵子她会主动找你聊呢？

（2）与子女分享成长的经验。也许你可以回想一下自己成长的过程或同学间的情形，告诉孩子："以前我们有一位老师长得好帅（或很幽默、课上得很棒等），我们班好多同学都很喜欢他，还有人暗恋他呢！"与孩子聊聊当年小女孩儿对师长爱慕的趣事，可以接近亲子距离，使孩子信任你，愿意与你分享她的秘密。

（3）不要断然评论此事的是非。或许以成人的观点看这件事，是极不合宜甚至很荒谬的，但是这是孩子的成长过程，给孩子一些时间，随着自然的成长，这些都会过去的，不需要急着去粉碎她诗样的情怀。

（4）给女儿充分支持与鼓励。青春期前期儿童的特点之一是，有心事他们情愿与他的密友分享。如果孩子拒绝你的主动关怀，那么对他的朋友表示欢迎，尊重孩子们的隐私，让他们关着房门说说属于他们的秘密吧！我们不也都是这么长大的吗？同时多留意孩子其他方面好的表现和进步的地方，并且表达你的欣赏，也不需要刻意冷落自然科，只要以平常心看它，你会发现没那么严重。

其实，这阶段的儿童，他们的心灵何尝不也是很惶恐、困惑，他们也在为自己的成长付出代价，此时孩子最需要的是你的了解和宽容，持续及正确的爱与引导。

对待老师，当然可以喜欢，但这更多的其实只是一种敬慕而已。迷恋老师更要适度，不要陷入情感误区。

8. 同男同学交往要有平常心

与男生交往是你在学习生活时不可避免的，不要讳疾忌医，只要能把握住互相尊重的原则，这种交往不仅不会发现什么问题，还可以让你的生活丰富多彩，充满激情。

某学校对192名高中生进行了一次有趣的调查，下面是调查中所举两个案例，请学生对此进行选择。

案例之一：

她从新年联欢会上回来后，心情十分轻快。她为自己两年前的克制行为庆幸。那时，她是那样的喜欢他，喜欢他的谈吐、长相与才干。一次，正当她要把"信"塞进他书包时，她记起了老师说过的一句话："时间，有时会让人改变对一个人的看法。"于是，她没有迈出这一步。两年后的今天，她发觉，他已经不那样的吸引她了。

对这件事，你该做怎样的选择：

A．克制自己的冲动行为，对自己的健康成长是很有必要的；

B．没必要克制，喜欢时就表现出亲热，不喜欢就分手；

C．如果她与他相好后，他的缺点也许不会发展。

调查显示：虽然对B、C答案，也有一部分同学持同意的看法，但有161人，即占83.8%的同学选择了A答案。他们认为克制自己的冲动行为，是一种理智行为，有利于自己的健康成长与进步。

案例之二：

他们班谁都知道，他俩曾经有过那么"一段儿"，后来闹翻了。不知为什么，从那以后，她的自行车经常被扎，她的本子上经常有人划上一些意识下流的图案，有几次在回家的路上，几个不相识的人，偏偏在她面前说、笑、打闹，故意挑逗她，她气哭了。她知道这些事都与他有关。

对这件事，你又该做怎样的选择呢：

A．不成"好朋友"，就成"大仇人"；

B．指使别人干坏事，侮辱他人人格，不道德；

C．咎由自取，她活该如此。

有150人，即占78%的同学明确指出，对与自己好过一段的异性同学，在分手后指使别人对他（她）干坏事、侮辱异性同学的人，人格是极不健康的。

综合以上答案，不难看出，青少年在与异性同学交往中，态度严肃、冷静，注重道德与人格，主流是积极、健康的。当然，也有一些同学存在着若干模糊的、不正确的认识，有待于提高。

与同学交往是你日常生活中不可缺少的部分，而这交往也必然是包括了与异性的交往这是很平常，自然的，你不需要刻意为此注意些什么。

当然，由于异性同学交往的双方可能会或多或少的受到传统文化的影响，所以这种交往或带有心理障碍，认为男女同学之间不应接触；或带有浓厚的情感色彩，并在特定条件下产生越轨行为，形成"早恋"关系。因此，与异性的交往你既不能过于敏感，也不能太无所谓。

既然异性同学之间的交往是必要的和敏感的，那么就很有必要认真地从当前中学生异性交往的状况、同学们的认识水平、促进异性同学交往的一般因素、异性同学交往的类型等方面来分析其中正面的经验、反面的教训，以引导中学生们积极、健康地进行异性之间的交往，创造良好、和谐的人际交往环境。

上课学习，文体活动，男女同桌，自然而普遍。异性交往表现在：谈学习、谈工作、表扬、批评、互相帮助。这种正常的异性交往，自己不感到拘谨、羞怯，更没有向恋爱方面发展的倾向。

即使在学习、生活中相互帮助产生了好感，或因异性的某一方面深深吸引了自己，一般也能克制感情的冲动不流露，把这份不成熟的情感深藏起来，让其经受时间的考验，从而相互尊重，不干扰，交往停留在适度的水平上。

悄悄话

异性交往对你的学业与身心健康有着重要的作用，是一种值得提倡的异性交往类型。但是，在异性的交往中，你的心态，应该是积极的、健康的、冷静的、理智的，要有很强的自制能力，否则，很可能陷入早恋的误区。

第十章
抗拒性骚扰,女孩应该正视的

"性骚扰"现象的低龄化倾向已经越来越明显。所以在生活和学习中,女孩子应该具有正确的自我保护意识,在面对那言语轻薄、手脚不净的社会不良分子时,一定要能找对方法,保护自己,免受骚扰。

1. 对女孩子的性骚扰

"性骚扰"现象在社会上出现的频率越来越高,也愈来愈为人们所重视。这种现象不仅只限于已经成人的女孩子,一些罪恶的黑手也伸向了未成年的小女孩。

冬天到了,天黑得也越来越早,晓兰和燕燕做完晚自习,走出校门时,天色已完全暗了下来。在校门不远的拐角处,有一个小巷。这是她们俩回家的必经之路。晓兰她们刚走到这里,就看见有两三个男青年对着她们吹口哨,她们没理,加快步子走开。可那些人竟然跟了上来,嘴里还不住地说脏话:好在前面出现不少行人,晓兰她们赶紧跑回家。

可能这样的事情很多女生都遇到过。一般情况下,事情过去女生们也就算了,很多人也不告诉家长或老师。如果有人拦住女生,故意挑逗或骚扰,这些人已经触犯了治安处罚条例,严重的将会受到法律的制裁。现在,人们将这样的事情称之为性骚扰。

社会上总有些不学无术的人、有的心理很不正常、不顾道德准则,只一味想满足自己的私欲,他们喜欢盯梢,挑逗女学生或女青年,真是可恶至极。

根据女孩子受到伤害程度,性骚扰可分为五种类型。

第一种：性骚扰

用与性别相关的歧视、侮辱、诋毁的语言和行为，对待异性或同性，使当事人感到不舒服，不自在，即构成轻微的性骚扰。

第二种：性挑逗

是指骚扰行为带有明确的性引诱，例如东摸西摸当事人的身体，或者出示色情图画，或要求一起观赏某些性挑逗的影片等，使当事人觉得恶心、不被尊重，甚至有被侮辱的感觉，这些都是第二层次的性骚扰行为。

第三种：性贿赂

指骚扰者对被骚扰者提出利益承诺，要求与性有关的行动或好处，如骚扰者提出买东西、带到哪里去玩等等。很多当事人还受到权威的压力，如自己的老师等。

第四种：性威胁

指骚扰者对被骚扰者以威胁惩罚的手段，要求对方给予性接近、或从事带有性的行为，若对方不从，将会遭到报复。

第五种：性侵害或性攻击

这是最直接的性暴力行为，其不只违反了当事人的身体自主权，也威胁到当事人的身体、心理安全，这种伤痛通常不只是肉体上的，而是深及心理层次和一辈子的伤痛。因此，性侵害是性骚扰中最可怕、最严重的一种行为。

这个社会并不是像你想象的那么纯洁，一些现象你必须去正视。

2. 危险从何而来

性骚扰的来源场所一般比较固定，大多集中在营业性歌舞厅、酒吧、游戏厅等。而最危险莫过于夜晚。因此，平常最好不要去那些不健康的地方，天黑放学时最好也要结伴而行。

很多女孩子对性骚扰者的认识不够，总认为这些坏人都应该长得很难看，身上也脏兮兮的。同时，她们也认为成年人似乎都是和善的，就像他们的父母或老师一样。这些误解常常是她们在受到骚扰时，感到非常惊讶，也感到不可理解的。经研究显示，对学生进行性骚扰或性侵犯的人既有知识层次比较低、衣着较差的人，也有知识层次比较高、衣冠楚楚的人，甚至有的是名人。北京曾经有一位歌星因对十二三岁的男生性骚扰而被逮捕。

还有的学生以为只有陌生人才会对自己造成侵害，实际上也不是这样。有不少案例恰恰是身边的邻居、家里的亲戚、熟悉的朋友，甚至是老师或家长。

李老师给学生讲到这些时，强强和佳佳发出疑问，觉得很不可思议："这怎么可能呢？"

"怎么可能呢？"强强和佳佳几乎同时发出疑问。

"我们指的是特殊情况，绝大多数教师或家长都不可能侵犯自己的学生或孩子、但是不论危险来自何处，我们每个人都要保持自己的独立与清醒的意识。"李老师停顿了一下，接着说："我从有的同学惊讶的眼神里，发现有人可能担心过分了，当然，我们不必疑神疑鬼，与任何人都保持高度警惕，搞得自己神经兮兮的。"

"我不是担心，而是不相信天下还有这样的父母，真有这样的事么？"天明还是不明白，他的疑问得到好几位同学的支持。

"俗话说，虎毒不食子。在我们的眼中，父母是最爱自己的人。这是天经地义的，正常情况下当然不会发生。对了，就在前不久，中央电视台《今日说法》栏目报道了一件悲惨的血案，说的是一位虚荣心极强的父亲，竟然为了满足自己对金钱的欲望，杀害自己的女儿骗取保险。这样的父亲本来只是虚荣心强，他也很爱自己的孩子，遇到逆境，正常的心理就逐步发生了变化，最后不顾亲情，成为杀人犯被判处死刑。"

李老师的一席话再次让大家感到惊讶，好几个同学眼睛睁得好大。李老师笑了笑对大家说："别紧张！大家放松一点儿。父母亲情是人世间无私的奉献，更多的家长为自己的孩子默默承受辛劳，为他们创造最好的条件，帮助他们健康成长，在座的各位同学的家长不都是这样么！"

关于性危害，你一定要特别小心地防范，除了众所周知的因素外，对一些自己周围的人也要小心一点。

3. 对于言语轻薄者最好充耳不闻

言语上的骚扰，可能不会对你有什么大的危害，但女生不注意加以阻止，甚至接受这些的话，那么很容易让那些居心叵测的人得寸进尺。

最轻微的性骚扰，是用轻薄的言语，来企图使对方发生反应。这就是一般人所说的"吃豆腐"。在办公室里，男主管对女职员，或者男同事对女同事说些不三不四的言语，乃是最常见的了。有些女孩子脸皮薄，会被弄得很不好意思；有些女孩子为了保住工作，也只有强迫自己忍受，可是，心中却充满了受委屈的感觉，非常难过。这样一来，心情不好，工作的情绪便会受到影响。在这种情形之下，受害者虽然没有受到生理上的伤害，却避免不了在精神上受到伤害，甚至进而会影响到工作上的效率及生活上的情绪。

有这样一个例子。有一次，在公共汽车里有两个漂亮的女孩子站在一起，接着，上来了一群像太保一样的男孩子。过不了一会儿，这群男孩子便开始向这两个女孩子发动言语攻击，你一句我一句地，越说越不像话，越说越下流，其中有一个女孩子忍不住，就予以反击，开口回骂他们，可是，这个女孩子不说话还好，这么一开口，反而使得这群男孩子更兴奋，于是，男孩们像找到了目标似的，便集中火力对着她，秽言脏语一来一往地说个没完。那个开口回骂的女孩子后来竟被弄得难堪不已。站在一起的另一个女孩子,因为始终一句话都没有说,就当做没有听到他们的说话一般,那些男孩们拿她没有办法,也就好像忘记了她也是被作弄的对象之一,这样一来,她便演变成这一出戏的局外人,没有遭到伤害。

这样看来,要对付这些用言语来吃别人"豆腐"的人,最好的方法是采取听而不闻的态度。他说他的,你装作听不懂或者听不到,他在攻击没有激起反应的情形下,便会感到无趣,骚扰便不可能继续下去。

对那些说话不健康的人,不要去理他们,装作没听见就行了。

4. 不严肃的反抗会让攻击者得寸进尺

对一些动作比较轻薄的人,女生是肯定要加以阻止的,但是阻止时态度一定要严肃、义正词严,不能让他们有钻空子的机会。

另外一种常见的性骚扰,是用轻薄的动作来挑逗对方。例如在办公室或者工作场所,男主管或者男同事喜欢摸摸女同事的脸,或者抱一抱肩膀,或者拧一下屁股、碰一碰乳房……这些情形,很多人都已熟视无睹。我也听说过,在某些小学或初中,有些缺德的男教师,会把女生抱在膝上,摸她的乳房或大腿;在公共汽车里,有些人会利用人群太过拥挤的机会,伸手去摸站在旁边的女性;在电影院里,也有人会利用里面黑漆漆的环境，伸手向邻座的女性毛手毛脚。

在这些情形之下，受到骚扰的人，从她们的身体来说，在生理方面其实并没有受到什么伤害，可是，在自尊心方面，却感觉受到了欺负。

自尊心受到伤害，有时比生理上受伤还要令人难过，因此，为维护自己的自尊，各人所采取的对付方式可能都不一样。有些人比较激烈，在遭到欺凌之后，可能会回过头去，赏给对方一个耳光，这么一来，对方因为理亏，往往会在挨了一个耳光之后，便灰头土脸地夹尾而逃。有些人是采取不理会的政策，一旦知道了对方的企图，便摆出一副相当严肃的脸孔，而走到别的地方去，不再加以理会，这样，也就可以避免再进一步地受到骚扰。

有些人却是因为慑于对方的权威，而不敢反抗，便任由对方轻薄，这就免不了会感到委屈和不愉快了。还有一些人，她们遭到别人的轻薄，达到不能忍受的地步时，会用言语来抗议，可是，她们所用的言语却不够严肃，反而可能引起反作用。例如她们会回骂说："死相，怎么这样讨厌？""又是这样，我不来了。"这就往往会使骚扰的人认为这是他们挑逗以后所得到的反应，于是，会更引起骚扰的人的兴趣，使之变得愈加兴奋，这种戏弄便会继续演下去。

对那些爱动手动脚的男人，千万不能客气，一定要严肃地加以反抗。

5. 避免性骚扰的一些方法

性骚扰现象已经越来越频繁，女孩子一定要能注意保护好自己，把握避免性骚扰的方法。

当孩子小的时候，喜欢孩子的成年人会抱起他们，亲亲孩子的小脸蛋。这些行为是人间之爱的体现。可是当男孩、女孩逐步长大以后，孩子的身份就发生了变化，逐步向成年人转化，与此同时，伴随孩子成长还有他们的自尊心与自立的意识。

青春期的中学生已经具备这些意识，每一位中学生都应该懂得：人的尊严就包括爱护自己的身体，不被人侵犯。除了父母，任何人不得过分接近自己的身体，要有身体界限意识，不要随便让别人接触、侵犯自己的身体。如亲戚、朋友对自己，或者老师对学生的爱的表达，不应靠身体的接触，某些部位是不可侵犯的，如胸部、下身、嘴唇、臀部等，还有一些动作也是轻佻不宜的，包括触摸的过程，有很痒、恶心的感觉等，甚至有些是要求搂、抱，或要求坐在腿上等，所谓"男女有别"就是指男女有界限。这当然不是指男女生互不往来，甚至在同一张课桌子上也要画上界限。

以下是帮助中学生自我保护的十项建议，请认真阅读记牢：

（1）如果外出，应了解环境，尽量在安全路线行走，避开荒僻和陌生的地方。

（2）晚上外出时，应结伴而行。女生衣着不可过于暴露，不要过于打扮，切忌轻浮张扬。尤其是，女孩外出，最好能结伴而行，必要时由家长接送。

（3）外出时要注意周围动静，不要和陌生人搭腔，如有人跟踪或纠缠，尽快向人多的商场等处靠近，必要时可呼救。

（4）如果外出，要随时与家长联系，未经家长许可，不可在别人家夜宿。

（5）应该避免单独和家庭外的异性在家里，也要避免去宁静、封闭的环境中会面，女孩切忌到陌生男子的家里去。

（6）在外不可随便享用陌生人给的饮料或食品，谨防有麻醉药物；拒绝别人提供的色情影视录像和书刊图片，预防其图谋不轨。

（7）独自在家，注意关门，拒绝陌生人进屋。对自称是服务维修（如水电工、收煤气费的等）的人员，要告知他等家长回来再说。

（8）晚上单独在家睡觉，如果觉得屋里有响声，发觉有陌生人进入室内，不要束手无策，更不要钻到被窝里蒙着头，应果断开灯，尖叫求救，或拨打110求救电话。

（9）受到了性侵害，要尽快告诉家长或报警，切不可害羞、胆怯延误时间丧失证据，让罪犯逍遥法外。

（10）中学生要洁身自好，自尊自爱，男女生相互尊重，杜绝轻浮的行为，并远离危险场所。

下面我们来看看一个女大学生对中学生的告诫，相信这对你会有帮助。

当时我和小伙伴走在路上，就曾好几次碰到不认识的男性突然上前抚摸我的脸颊，那时我还以为是自己讨人喜欢，没多在意。直到念初一那年，一次颇为恐怖的经历才引起我的警惕。那天下午我从同学家乘车回家,车上人不多,但一个年轻男人总是紧贴着我。

我往边上移,他也慢慢跟过来,还用身体触碰我。到站后,我赶忙下车,没想到他也跟了下来,走在我边上和我搭讪,说令人恶心的下流话,眼睛一个劲地盯着我的身体。我害怕极了,跑进一家食品店,他见店里人多,便边透过玻璃橱窗盯着我,边向前门走去(食品店有一前一后两个门,我是从后门进去的)。我发现那天店里恰好停电,人又较多,便灵机一动,趁他不注意,又返身从后门跑了出来,一路狂奔,当我回头时看见他正在后门张望,也许他在前门等不到我又绕到后门了吧。那天后,我有好长一段时间不敢单独乘车。

还有一次,也是同学聚餐后我独自回家,当我正低头匆匆赶路时,突然有一只手向我伸来,我本能地一侧身,见一个青年模样的男人笑眯眯地企图挑起我的下巴,我惊魂未定时,却发现他身后又走来两个流里流气的男人,嘴里还念念有词"这么漂亮的妹妹……"我吓得拔腿就跑……我现在的奔跑速度已大大提高,身边有陌生异性时神经也敏感许多。现在我已去松江大学城读书了,在对此类行为愤愤不平之时,我们这些女生应学会保护自己,尽量不在夜晚单独外出,去远处与朋友结伴而行,尽量往人多的地方走……对那些男性,我想说:请自重,自律;对女孩,我想说:面对突发事件,务必保持镇静,勇敢地保护自己。

对那些居心不良的人一定要多加防范,但又不要神经质地处处设防,这样会使你心神不宁,不能专心致志地投入工作和学习。